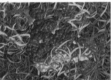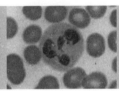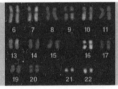

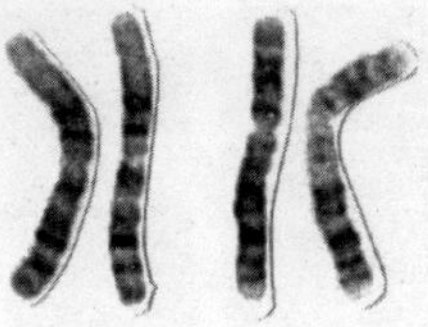

破译DNA密码

冯若 著

光明日报出版社

图书在版编目（CIP）数据

破译 DNA 密码 / 冯若著 . -- 北京：光明日报出版社，2011.6（2025.1 重印）

ISBN 978-7-5112-1131-6

Ⅰ . ①破… Ⅱ . ①冯… Ⅲ . ①生物学—普及读物 Ⅳ . ① Q-49

中国国家版本馆 CIP 数据核字 (2011) 第 066411 号

破译 DNA 密码

POYI DNA MIMA

著　者：冯　若

责任编辑：温　梦　　　　　　　　　　责任校对：一　苇

封面设计：玥婷设计　　　　　　　　　封面印制：曹　净

出版发行：光明日报出版社

地　　址：北京市西城区永安路 106 号，100050

电　　话：010-63169890（咨询），010-63131930（邮购）

传　　真：010-63131930

网　　址：http://book.gmw.cn

E – mail：gmrbcbs@gmw.cn

法律顾问：北京市兰台律师事务所龚柳方律师

印　刷：三河市嵩川印刷有限公司

装　订：三河市嵩川印刷有限公司

本书如有破损、缺页、装订错误，请与本社联系调换，电话：010-63131930

开　本：170mm×240mm

字　数：192 千字　　　　　　　　　　印　张：15

版　次：2011 年 6 月第 1 版　　　　　　印　次：2025 年 1 月第 4 次印刷

书　号：ISBN 978-7-5112-1131-6

定　价：49.80 元

前言

PREFACE

　　19 世纪中期，英国科学家达尔文创立了生物进化论学说。1865 年，奥地利生物学家孟德尔发现遗传规律。1944 年，美国人埃弗里发现了 DNA。1953 年，美国生物学家沃森和英国生物学家克里克绘制出 DNA 双螺旋结构图。1972 年，美国科学家保罗·伯格成功地重组了第一批 DNA 分子。1985 年，英国遗传学家杰佛瑞斯教授发明了利用 DNA 对人体进行鉴别的方法。随着生物科学研究的进一步发展，DNA 与碱基对序列技术的深入研究取得了惊人的成就。

　　这些成果为我们开启了崭新的科学视野：根据 DNA 断定两代人之间的亲缘关系；将 DNA 研究的目标放在确定导致人类生病的基因起源方面，以便更好地认识、治疗和预防危害人类健康的各种疾病；运用 DNA 指纹技术侦破案件；利用以 DNA 为主的方法来研究史前史；对特定基因的 DNA 片段进行重组，以达到改变生物基因类型和获得特定基因产物的目的。最令人振奋的莫过于人类基因组图谱的草图绘制完成：在具备这种深奥的新知识后，人类即将获得更多的治病方法。可以说，人类的疾病都直接或间接与基因相关，在基因水平上对疾病进行诊断和治疗，既可达到病因诊断的准确性，又能使诊断和治疗工作简便快速。当然，基因科学给人类带来的不仅仅是喜悦，它也给人类带来了忧虑与隐患——所有的转基因食品是否都有利于人类的健康；克隆技术能否正当应用等。人类只有在保证社会健康发展、保护自然环境、有利于人类生存的前提下，将生物科技应用于有利于人类的方面，才能趋利避害，使其服务于人类。

为了帮助读者了解生物科技的发展状况，领略生命的奥秘。编者经过多年的研究整理，编撰了这本《破译 DNA 密码》。全书分为："遗传学的历史"、"DNA 的分子结构"、"DNA 密码"、"重组DNA"、"人类基因组计划"、"生物科技的诞生"、"战胜遗传病"、"用基因来改变农业"、"用 DNA 寻找人类的起源"、"DNA，当代的福尔摩斯"等几个部分。这些都综合了生物学发展中的优秀研究成果，介绍了生物发展史上的重要人物及其突出成就，深入浅出地阐释了生命的秘密，完整呈现了半个世纪以来"基因革命"的惊人发展——科学技术、生物学、医学、农业等领域所取得的优秀成果，这些都是我们每一个人不可不知的关于生命的知识。科学的体例、简明的文字、精美的图片、新颖开放的版式设计等多种要素的有机结合，为读者打造一个丰富的阅读空间，引领读者步入生物科学的神秘殿堂，解开生命的奥秘。

目 录
CONTENTS

————— 上部：发现生命之谜 —————

下部：被 DNA 改变的世界

上部
发现生命之谜

豌豆的遗传变异

    对豌豆的研究是孟德尔成功发现遗传现象的关键。

第一章
遗传学的历史

第一节　遗传现象

　　俗话说："龙生龙、凤生凤。"遗传是生物界普遍存在的现象，一条狗的后代只能是狗，而不可能是猫、牛等其他动物。但相对于动物非常简单的事情，对于高级动物——人来说却变得十分复杂。因为人的后代除了是人之外，还存在着是个什么人的问题。身体特征的遗传是很明显的事情，孩子通常都会具有父母的某些特征。两个身材都很高大的人，他们的孩子通常也不会太矮小：中国篮球第一中锋姚明令对手生畏的高度显然得益于他同为篮球运动员的父母。除了身体的特征之外，其他方面会不会遗传呢？比如说一个人的智力、风度或者其他更多方面。从历史上看，这种遗传好像并不存在，否则刘备的儿子就不会是"乐不思蜀"的"阿斗"，而应该是一位英雄。而爱因斯坦的儿子也应该是洞察世界奥秘的伟人，而不会"泯然众人矣"！当然，名人的后代或许更容易成功，不过这更多地源于他有一个好爸爸（好妈妈）。法官的儿子更容易成为法官，是因为他有更多的机会接受法律的教育，也有更多的机会成为"法律人"，而并不是他一出生就掌握了裁决人类纠纷的技巧。

3

从人类历史上人们可以发现，有一种东西似乎是遗传的，那就是疾病。对某些家族而言，遗传病几乎是这个家族所有人一生的梦魇，有些家族几乎几代人都死于同一种疾病。遗传病同人的出身似乎没有关系，不过好像越高贵的家族越受人们的关注。在中国历史上，就有两个著名的受遗传病困扰的王朝，它们分别是晋朝（包括西晋和东晋）和北齐的皇室。

困扰晋朝皇室的遗传病是痴呆症，在晋朝出现了中国历史上最著名的痴呆皇帝晋惠帝司马衷。一次，他在皇家园林华林园听到青蛙的叫声后，竟然惊奇地问太监，青蛙是为官家叫还是为私家叫。太监哭笑不得，只得答道："在官家的土地上叫是为官家叫，在私家的土地上叫是为私家叫。"在听说发生饥荒，有很多百姓饿死的情况后，他大惊说："老百姓没有饭吃，为什么不吃肉粥？"在这样的皇帝统治下，国家的状况就可想而知了。在晋惠帝时期，发生了"八王之乱"，统治阶级为了争夺权势互相残杀，各民族人民不甘压迫纷纷揭竿而起，结果中原地区约 80% 的民众都死于战乱之中。到了晋朝第十六代皇帝司马德宗的时候，司马家族的痴呆症更是发展到了登峰造极的程度。史载司马德宗不仅话说不清楚，连冷暖也分辨不清。司马德宗死后不久，晋朝就灭亡了。

与困扰晋朝皇室的痴呆相比，困扰北齐的疾病更加可怕，那就是精神病。北齐的创建者高洋就是一个典型的精神病患者，他每天都穿着花花绿绿的衣服，肆无忌惮地喝酒玩乐，而且一喝醉就要杀人。一天他在喝醉后突然想起他的宠妃曾经和他人有染，竟然当众将宠妃肢解，并用宠妃的骨骼做了一把琴。北齐的末代皇帝高纬的精神病尤其严重，他先是莫名其妙地把北齐最有才华的将领斛律光杀掉，当敌国听说斛律光死后举国来袭时他又忙于打猎，直到局势危急的时候才不得不上战场。在阵前，高纬的精神病再度发作，当北齐军队在敌军拒守的城池上好不容易打开一个缺口，马上要发动进攻的时候，高纬却异想天开地要等他的妃子来一起看北齐军队进攻的场面，因而命令军队暂停进攻，结果缺口马上就被敌军堵上了。在这之后，高纬的精神病又连续发作，最终使北齐走向了灭亡。

无独有偶，西方国家的君主也受到遗传病的困扰。他们的遗传病大多与精神无关，主要是身体上的，比如肆虐英国皇室的血友病。血友病是一种导致人流血不止的疾病。人的血液中存在凝血因子，人受伤以后，血液在凝血因子的作用下一会儿就会停止出血。但如果凝血因子过少的话，人一旦受伤后血就会不断地流，这样往往会导致死亡。而血友病就是一种导致病人凝血因子远远低于正常人的病症。

英国皇室的血友病是从维多利亚女王开始的。维多利亚女王是英国历史上最伟大的君主，英国在她的统治下成了"日不落帝国"，但不幸的是，她却给她的家族带来了灾难。维多利亚女王的儿子利奥波德亲王是血友病患者，利奥波德亲王的儿女都非常健康，但他的外孙鲁珀特却不幸成了血友病的受害者，21岁时即英年早逝。维多利亚女王的次女艾丽斯公主和幼女比阿特丽丝公主都非常健康，但她们的出嫁却把血友病传播到其他的家族。艾丽斯公主嫁到了德国，生了2个儿子和6个女儿，她的次子威廉是血友病患者，3岁时从高处摔下受伤后因流血不止而死。艾丽斯公主的三女伊莲妮娜嫁给了德国的海因里希亲王，育有3个儿子，其中长子瓦尔德马和幼子海因里希是血友病患者，分别在56岁和4岁时去世。艾丽斯公主的四女阿莉克丝嫁给了俄国沙皇尼古拉二世，育有1男4女，她唯一的儿子阿列克谢就是血友病患者。比阿特丽丝公主嫁给亨利郡王，

维多利亚女王像

维多利亚女王是英国历史上最伟大的君主，自她开始，血友病的阴影就一直笼罩着她的家族。

育有3男1女，次子利奥波德和幼子莫里斯是血友病患者，分别在33岁和21岁时去世。女儿维多利亚嫁给西班牙国王阿方索十三世，育有7个子女。长子阿方索和幼子冈萨洛是血友病患者，分别在31岁和20岁时去世。从维多利亚家族的历史可以看出，只要维多利亚家族继续生存繁衍下去，血友病也会一直陪伴着这个家族。

那么，有没有摆脱遗传病的方法呢？如果没有的话，有遗传病的家族或许只能选择绝育的方法才能使后代免受痛苦，但这又是和人性的根本背离的。看来只有采用科学的方法了，显然从科学上，只有深刻地了解遗传的机理才能够真正弄清楚遗传病的原理，最终解除无数人的痛苦。

遗传学虽然听起来很神秘，不过并不深奥，人类的祖先很早就已经用遗传学的原理在改变世界了。在早期农业诞生的时候，人类的先民就面临着这样的问题，如何让农作物的产量更高？如何让牲畜生下更多、更健壮的幼仔？对聪明的人类来说，这个问题似乎太简单了。人类观察自己的农作物，看哪一株的产量最好，以后就采用这一株的种子；人类观察自己的牲畜，让最健壮的雌雄牲畜交配，以产下更多、更健壮的幼仔。可以说现今人们生存的这个世界上有很多东西都是人类利用遗传学的原理制造出来的，尽管他们当时并不知道这些遗传学原理。

同世界上许多学问一样，遗传学也起源于古希腊。古希腊人以他们聪明的大脑深入思考了遗传的问题，这其中包括希波克拉底（约公元前460～前370)。希波克拉底是古希腊的一名医生，他最杰出的成就是提出了"希波克拉底誓词"，表示医生要全心全意为病人服务，这奠定了医生职业道德的基础，他也因此被尊称为"医学之父"。在遗传学上，希波克拉底指出雄性物质和雌性物质的结合产生了婴儿，而婴儿也因此是其父亲和母亲特征的结合。显然对于那个时代而言，这是一种很了不起的理论。那么具体是怎么结合的呢？以希波克拉底为代表的古希腊智人们却给出了一个荒诞不经的答案，他们的答案被称为"泛生论"。"泛生论"认为在男女发生性行为的时候，缩小的身体部位如骨骼、肌肉、血管、指甲、毛发等会遗传到另一个个体上。这些缩小的身体部位是以微小粒子的形式出现的，所以人们无法看到。在生长过程中它们会逐渐分离，最终长成胚胎。

令人不可思议的是这种奇怪的理论在西方流行了很长时间，甚至得到了著名科学家达尔文的支持。不过达尔文对这个理论进行了一番诠释，以使大众更能信服。达尔文解释说骨骼、肌肉、血管、指甲、毛发等都

雏形人

孟德尔之前的遗传学——"泛生论"认为：有一个迷你型的个体雏形人存在于精子头部，最终它会长成胚胎。

会贡献出"微芽"，它们在体内循环，最终到达性器官，在发生性行为的过程中进行交换。对于"泛生论"这种荒诞不经的理论，德国生物学家魏斯曼用一个简单的实验就把它给否定了。魏斯曼的实验工具是小白鼠，他把好多代的小白鼠的尾巴切断，根据"泛生论"的理论，缩小的身体部位会产生"微芽"，最终在性行为中交换，如果这个理论正确的话，那么，无尾的小白鼠必然会生出无尾的小小白鼠。但实验却确凿无疑地表明，无尾的小白鼠的后代仍有尾巴，"泛生论"至此就被彻底否定了。

在"泛生论"流传的同时，还有一种被称为"先成论"的理论。这种理论认为精子（有人认为是卵子）在形成时内部就已经包含了一个完整的整体，而人的成长就是这个微小的整体发育成功的结果。那么，为什么会发生遗传病呢？对此的解释五花八门，不过超自然的解释似乎比较流行，比如有人认为这是上帝的惩罚，有人认为是"鬼上身"。随着科学技术的不断进步，显微镜精度的不断提高，当人们发现那种所谓"微小的整体"根本不存在时，"先成论"也自生自灭了。

可以说在 19 世纪以前，科学意义上的遗传学并没有诞生，它在等待一个人，等待一个解开遗传秘密的人。

第二节　遗传学之父——孟德尔

当揭开遗传之谜的人出现的时候，或许很多人都很失望，因为他太平常了，既没有英俊的外表，也没有显赫的家世，他只是一个普通人，

孟德尔像

孟德尔被称为"遗传学之父"。

这个人就是孟德尔。同当今那些"闪闪发光"的明星科学家相比，孟德尔在他在世的时候却要默默无闻得多。孟德尔1822年7月22日出生于奥地利海因岑多夫（今捷克的海恩塞斯）的一个农耕之家。他天资聪颖，在乡下学校度过了自己的少年时光。18岁时以优异的成绩毕业于特罗保的预科学校，随后进入著名的奥尔米茨哲学院学习，由于家庭贫困，他被迫中途辍学。在他辍学那年的10月，21岁的孟德尔进入了奥古斯丁教派设在布尔诺的修道院，成了一名神职人员，并深得修道院院长奈普的器重。不过孟德尔似乎天生不适合做神职人员，虽然他在25岁时就被正式任命为神甫，但他很快就辞职了。这是因为布道的工作最后导致这位可怜的青年神甫精神彻底崩溃，为此他只能放弃，转而寻找新的谋生方式。从某种程度上来说，孟德尔的早年生活同凡·高比较相似，唯一不同的是凡·高是因为自己工作太热情被教会开除的。

被迫辞去神甫职务后，孟德尔转而希望能够谋得一个教师的职位，修道院满足了他的愿望，遂委派他到茨那伊姆中学担任希腊文和数学代课老师。那时的奥地利，担任任何职务都要通过职业资格考试，教师也不例外。孟德尔如果想成为一名正式教师的话，他就得通过教师资格考试，但不幸的是，他没有考上。虽然他是一名很优秀的教师，但由于没有通过考试，他只能以代课老师的身份执教，不但薪水很低，还备受歧视。对孟德尔器重有加的修道院院长奈普得知孟德尔的处境后，专门派他到维也纳大学进修，希望能对他以后通过考试有所助益。就这样，孟德尔于1851年来到了维也纳大学，而这也使他的人生掀开了新的一页。

大学的生活总是美好的，尽管孟德尔这时已经29岁了，但他仍然保持着少年时的求知欲望，如饥似渴地学习知识。他广泛涉猎各个学科，学习了物理学、化学、数学和生物学等多门学科的知识。维也纳大学是一个大师云集之地，这些大师对孟德尔产生了很大的影响。从物理学家多普勒那里，他受到了物理学和统计学的熏陶；从生物学家翁格尔教授那里，他了解了物种可变和植物通过杂交可以产生新物种的新观点。经过刻苦的学习，他打下了良好的自然科学的理论基础。1853 年夏，大学生活结束了，孟德尔又回到了修道院。尽管在大学中成绩优异，但孟德尔仍然没有通过教师资格考试。1854 年，受修道院委派，孟德尔到布吕恩技术学校担任物理学和生物学的代课老师，继续着自己的代课老师生涯。

修道院院长奈普十分了解孟德尔的才华和爱好，不希望他这样碌碌无为地度过一生，因此建议他在业余时间从事他喜欢的遗传学研究。孟德尔听从了奈普院长的建议，在修道院花园中属于自己的那块地上种了豆科植物，开始研究植物不同的性状。他选择的植物是豌豆。首先，孟德尔将开白花的和开红花的纯系豌豆进行杂交，之后他发现子一代全部开红花。子一代自花授粉后得到的子二代中，开红花的有 705 株，开白花的有 224 株，二者之比约为 3∶1。此后，孟德尔又先后对 6 对像红花、白花一样具有相对性状的豌豆进行了纯系杂交实验，这 6 对豌豆的相对性状分别是饱满籽粒和皱缩籽粒、黄色子叶和绿色子叶、豆荚膨大和豆荚溢缩、未熟豆荚绿色和未熟豆荚黄色、花腋生和花顶生、高植株和矮植株，结果得到了同样的结果。

孟德尔把杂交子一代所表现出的性状（如开红花）称为显性性状，把杂交子一代中没有表现出来的性状（如开白花）称为隐性性状。他认为豌豆所表现出来的性状是由一种其内部的"因子"控制的，而这种因子可以遗传。控制隐性性状的因子在子一代没有出现，但在子二代中重新出现，这说明在子一代有控制隐性性状的因子。那么，子一代就应该有两种因子，一种显性，一种隐性，隐性因子受显性因子的压制而无法显示自己的性状。并且这两种因子是成对出现的，如表现出显性性状的因子组成有两种，一种是两种显性因子的组合，另一种是一种显性因子和一种隐性因子的组合。子二代出现显性性状和隐性性状说明子一代的因子组合在配对中发生了变化，即虽然因子是成对出现的，但在配子细胞里只有成对因子中的一个，因子经重新组合后，会出现包含有两个隐性因子的组合，这样就会出现隐性性状。比如开红花的豌豆植株中有 1 对决定显性性状的遗传因子 AA，开白花的豌豆植株中有一对决定隐性性状的遗传因子 aa，它们的配子里分别只有一个 A 和一个 a，那么它们的结合的子一代是 Aa，由于 A 相对于 a 是显性，所以子一代植株都开红花。在子二代中，AA，Aa 开红花，aa 则开白花，所以红花与白花的比例是 3∶1。

此后，孟德尔又选取了 2 对或 2 对以上具有相对性状的豌豆进行了实验。首先，他选取了结黄色饱满籽粒和结绿色皱缩籽粒的豌豆作为亲本进行杂交，之后发现杂交子一代均为黄色饱满籽粒。子一代自花授粉后得到的子二代籽粒共有 4 种，其中同亲本具有相同组合的黄色饱满籽粒有 315 个，绿色皱缩籽粒的有 32 个，与亲本具有不同的组合的黄色皱缩籽粒有 101 个，绿色饱满籽粒有 108 个，它们的比例大约为 9∶3∶3∶1。接着，孟德尔又在自己研究的 7 种相对性状中任取 2 种进行杂交，结果都得到了同样的结果。这样的实验结果证明了控制饱满和皱缩、黄色和绿色这两对性状的基因是独立进入配子进行组合的。用 S 来表示饱满，用 C 来表示皱缩，用 G 来表示绿色，用 Y 来表示黄色，S 相对于 C 是显性的，Y 相对于 G 是显性的。所以子一代都是黄色饱满籽粒。如果这 2 对基因分离都是独立的，那么，它们就都会以 3∶1 的比例分离，这样 2 种性状的分离比为 3∶1 的平方，即 9∶3∶3∶1。

孟德尔在实验的基础上提出了遗传因子（也就是后人所熟悉的基因）、显性性状、隐性性状等重要的概念，并总结出了遗传学的规律。按照孟德尔的遗传学理论，很多遗传之谜都迎刃而解。在遗传病中，那些代代相传的性状为显性，如北齐统治者的精神病。而其他在家族中偶然发现或经常隔代出现的性状则为隐性。由于个体只有在有两个隐性基因的情况下才能表现出相应的性状，所以仅有一个隐性基因的人就不会有任何症状，他们被称为携带者。但携带者的后代如果从双亲那里各得到一个隐性基因的话，那他（她）就会不幸地成为遗传病受害者，如白化病。白化病是一种导致人皮肤和毛发明显呈白色的疾病。很多白化病人都有健康的父母，而白化病患者必然是从父母那里各继承了一个白化病基因。困扰英国皇室的血友病也是如此，利奥波德亲王是血友病患者，这说明他带有血友病基因，而他的儿女均非常健康，说明这个血友病基因是隐性的，利奥波德亲王的儿女因为只有一个血友病隐性基因而幸免于难，但他们都是携带者。而利奥波德亲王的外孙鲁珀特从母亲那里继承了一个血友病隐性基因，又不幸地从父亲那里继承了另一个血友病隐性基因，这样他就成了血友病的牺牲品。从以上的分析中我们可以看出孟德尔的理论是多么奇妙，千年之谜就此解开了。

1865 年，孟德尔在布吕恩自然科学研究会上报告了自己的研究成果。1866 年，孟德尔在布吕恩自然科学研究会会刊上发表了题为《植物杂交实验》的论文，却受到了冷遇，几乎无人关注他的研究成果。为了能够让科学界认识到自己发现的意义，他把自己的论文寄给多位杰出科学家，希望博得他们的赏识，然而这却取得了相反的效果。一次，孟德尔写信给德国生物学家卡尔·奈吉利，希望他能够重复自己的实验，可那位大科学家根本不屑于自己动手，反而把山柳菊的种子寄给了孟德尔，让他在山柳菊身上重复豌豆实验。由于山柳菊不适合重复豌豆实验，孟德尔白白浪费了一段时间和精力而一无所得。到 1868 年，孟德尔已经 46 岁了，他的研究无人承认，他仍然是一名备受歧视的代课教师。不过就在这一年，他的人生却戏剧性地发生了变化。这一年，修道院院长奈普去世。在继任院长的选举中，孟德尔出人意料地当选为院长。从一位地位卑微的代课教师一跃成为修道院院长，或许对孟德尔来说，一生之中再没有比这更快乐的事了。然而做官对一个学者来说究竟是不是一件好事确实是值得怀疑的。虽然孟德尔仍然坚持着科研，可大部分的时间还是被修道院的日常事务占据了，这严重妨碍了他的科学研究。此外，当上院长之后，他的体重也急剧增加，而在田园工作对一个胖子来说显然是困难的，这使他最后不得不放弃了在田园的研究。虽然他曾一度努力减肥，可不幸地选错了方法，因为医生让他多抽烟以控制体重，结果他每天都要抽 20 根雪茄，这显然对减肥毫无帮助，反而使他有患上肺癌的危险。不过孟德尔最后并没有罹患肺癌，而是在 1884 年因心脏和肾脏的并发疾病去世，时年 61 岁。

"生而寂寂，死而无名"，这话形容孟德尔再合适不过了，因为他的理论一直无人理解。在整个 19 世纪，孟德尔一直默默无闻。直到 1900 年，荷兰学者弗里斯、德国学者科伦斯和奥地利学者切尔马克用不同的植物做实验，得出和孟德尔同样的结论后，人们才认识到孟德尔理论的意义，孟德尔也因奠定了遗传学研究的基础而被人们尊称为"遗传学之父"。虽然孟德尔提出了"遗传因子"的学说，可"遗传因子"究竟是什么人们还一无所知，显然，孟德尔只是为遗传学开了头，而更艰苦的研究还在后面。

第三节　摩尔根的研究

随着显微镜的精度日益提高，从 19 世纪中期开始，科学家们开始着力研究细胞的内部结构，希望发现生命的奥秘。1848 年，德国植物学家霍夫迈斯特在紫露草属小孢子母细胞中发现了一种细长线状的物体。此后，其他科学家又发现这种物体在所有细胞中都存在，并会发生分裂。1888 年，科学家瓦尔代尔因为这种物体易被碱性染料染色，正式把它定名为染色体。

起初，由于科学界对孟德尔的理论一无所知，所以没人把染色体同基因联系在一起。但当孟德尔的理论被证实后，一些科学家认识到，染色体可能同基因有关联。美国哥伦比亚大学医学院学生萨顿最早开始了这方面的研究。萨顿的研究对象是蝗虫，经研究发现，蝗虫的染色体大都是成对出现的，这同孟德尔因子成对出现的理论相一致。此外，萨顿还发现，蝗虫有一种细胞的染色体并不成对，那就是性细胞，如蝗虫的精子就只有一组染色体，而这又符合孟德尔的理论。

在萨顿研究取得进展的同时，德国科学家博里韦也发现了同样的现象，二人就此提出，孟德尔所说的遗传因子是确实存在的，它们就在染色体上。萨顿和博里韦的发现被称为萨顿—博里韦遗传理论，这在当时产生了很大的影响。不过当时与萨顿同在哥伦比亚大学的摩尔根

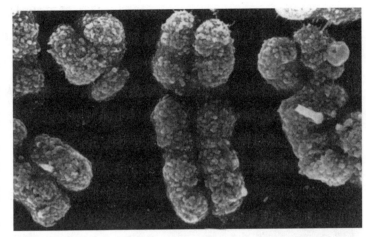

电子显微镜下的人类 X 染色体

教授对此却不以为然，他决心通过实验来推翻萨顿、博里韦的假设，不过他没想到的是，他的实验却最终证明了萨顿—博里韦遗传理论的正确。

摩尔根是美国人，出生于美国肯塔基州的莱克星顿，他的家乡一向以人杰地灵著称。摩尔根 16 岁考入肯塔基州立学院，主修生物学，1886年获理学学士学位。此后他进入美国约翰·霍普金斯大学学习，24 岁时获哲学博士学位，大学毕业后任布林马尔大学动物学教授。早年的摩尔根受德国生理学家勒布的影响，对胚胎学产生了极大的兴趣，曾同德国胚胎学家德里施共同进行过胚胎学的研究。此外，他对海洋动物颇感兴趣，曾花费多个夏天，到美国马萨诸塞州的伍兹霍尔海洋生物实验室从事海洋生物研究。

1904 年，摩尔根到哥伦比亚大学担任实验生物学教授，从此他的研究方向逐渐转向了遗传学。起初摩尔根对萨顿—博里韦遗传理论是颇为怀疑的，因为如果所有基因都在染色体上，而所有染色体都是原封不动地代代相传的，那么所有性状也会一起遗传，这样子代和亲代就会一模一样，不会有什么变化。而这显然同实际不符。为了找出问题所在，摩尔根开始了这方面的实验。摩尔根选择的实验对象是果蝇（从摩尔根选择果蝇开始，果蝇就成了遗传学家使用最为普遍的实验对象了）。至于摩尔根为什么选择果蝇，原因有以下几点：首先，果蝇来源广泛，很容易

摩尔根像

找到，只要夏天的时候水果一腐烂，就不用担心找不到果蝇了。其次，果蝇容易培养，用水果喂养就可以了。再次，果蝇的繁殖力非常惊人，10 天的时间里就可以完成整个世代。这些特点使果蝇成了很好的实验对象。

从 1907 年开始，摩尔根和他的学生们就在充满果蝇的实验室内开始了研究，这个实验室因此被称为"蝇室"。同孟德尔单打独斗的研究不同，摩尔根和他的学生们是以团队的形式出现的，集体的力量在这里得到了充分的显示。在摩尔根研究小组中，最为重要的是斯特蒂文特、布里奇斯和马勒 3 人。他们都是哥伦比亚大学的毕业生，都在摩尔根的指导下攻读博士。如果没有他们，对果蝇的研究显然是不可能进行的。

斯特蒂文特出生于美国亚拉巴马州，幼年受嗜好养纯种马的父亲的影响，对遗传学颇感兴趣。在哥伦比亚大学读书时，他写成了《纯种马谱系研究》一文，论述了父亲在亚拉巴马州养的马的毛色，这篇文章很得摩尔根的赏识。在摩尔根开始研究工作后，就把斯特蒂文特召入了研究小组，让他负责果蝇记数的工作。由于他是色盲，他的发展受到了极大地限制，不过他在 21 岁时就完成了基因在染色体上的顺序图，这可是一件了不起的成就。布里奇斯出生于纽约，上大学时拿过多种奖学金，他的最大特点是善于观察，这使他成为摩尔根研究小组中最不可或缺的人物。马勒是这个小组中名气仅次于摩尔根的人物（他日后也得过诺贝尔奖），这时他还是一个普通的大学生。马勒也出生于纽约，父亲是一个钢铁工人，他在哥伦比亚大学读本科时即以成绩优异著称。

摩尔根小组所在的"蝇室"坐落在哥伦比亚大学斯赫梅霍恩生物学

馆的底层，屋子很小，面积33平方米，只能容下8张工作台和1张炊事台。炊事台用于培养果蝇。果蝇的培养基本使用的是琼脂，大量的蟑螂被琼脂的气味吸引，聚集在它的周围，使这里成了一个蟑螂的乐园。果蝇吃的是烂香蕉，显然烂香蕉的气味不会好闻。一个充满着蟑螂和烂香蕉气味的屋子的环境状况是可想而知的，不过摩尔根和他的学生们却不介意，反而把"蝇室"当成了研究的乐园。而这里除了环境差了些，其他都是很美好的。实验室里的氛围很自由，每个人都可以毫无顾忌地提出自己的意见。斯特蒂文特日后回忆说："每个人做他自己的实验，很少或不受监管，在小组里自由讨论每一个新的结果。这儿没有咖啡、休息时间或用于讨论的特别安排，取而代之的是所有的日子，每一天都进行讨论、计划和争论。有时我都纳闷谈了那么多的话以后工作到底是怎样做出来的。"不过这种交流还是有益的，正是在互相的交流中，小组成员彼此的智慧才得以形成合力，使大家的才能得到了互补。

摩尔根小组最初的研究是希望找到果蝇的突变种，因为突变种就意味着具备独特的性状，这对研究是非常有利的。不过突变种的寻找可不是一件容易的事。一次，摩尔根希望找到一只视力退化的果蝇，于是就让小组里的一名大学生在"蝇室"里培养这种果蝇，这名学生让果蝇在暗无天日的世界里繁殖了69代，可没有发现一个突变种。不过在第69代中出现了一只眼睛暂时昏花的果蝇，这位学生想和摩尔根开一个玩笑，就让摩尔根早点来。可等摩尔根赶来时，这只果蝇已经恢复了视力，早就飞走了。

直到1910年的时候，摩尔根小组才发现了一只白眼雄性果蝇，正常的果蝇都是红眼，而白眼果蝇显然是红眼果蝇的一种突变种，摩尔根小组中几乎所有人都对此欣喜若狂。不过这只白眼果蝇是怎么来的却是一个谜，关于这只白眼果蝇的来历长时期以来众说纷纭，有人说它是射线照射后突变的，有人说它是从外面飞进来的，到现在也没有结论。

在摩尔根发现这只白眼果蝇的时候，正值他的第3个孩子出生。可能由于太关心这只果蝇了，在摩尔根到医院去看妻子的时候，妻子问他的第一句话竟是："那只白眼果蝇怎么样了?"摩尔根的第3个孩子很健康,可他的白眼果蝇却非常虚弱,为了让它能够健康成长,摩尔根把它装进瓶子里,晚上就放在自己的床边,悉心照顾。显然在这时候,这只果蝇比什么都重要。发现白眼果蝇后,摩尔根小组的研究也进入了快车道。他们首先将这只白眼雄果蝇同红眼雌果蝇交配,结果产下的都是红眼果蝇,共有1240只。此后,摩尔根小组又把这些红眼果蝇进行兄妹交配,结果在产生的子二代果蝇中既有红眼果蝇也有白眼果蝇,红眼果蝇和白眼果蝇的数量比是3:1,这符合孟德尔提出的遗传定律。同时摩尔根小组发现了一个奇怪的现象:在红眼果蝇之中有雄性也有雌性,但是白眼果蝇只有雄性,这又是为什么呢?

当时,科学家们已经发现果蝇的性别是由性染色体决定的,果蝇共有4对染色体,其中3对是常染色体,1对是性染色体。雌蝇的性染色体是同型的,用XX表示,雄蝇的性染色体是异型的,用XY(Y染色体相对X染色体要小)表示。由于果蝇白眼性状的遗传同性别相联系,同时与X染色体的遗传相似。摩尔根小组的成员因此认为如果果蝇的红眼基因和白眼基因是位于X染色体上的一对等位基因,而Y染色体上不含有等位基因,那么这种遗传现象就可以

摩尔根在果蝇实验室工作
摩尔根不喜欢照相,这张照片是别人偷拍的。

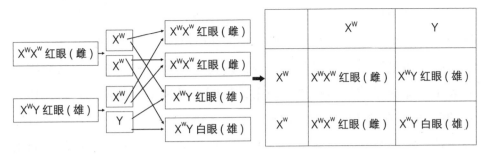

果蝇杂交实验分析图

得到合理的解释。

从果蝇杂交实验分析图中可以看出，摩尔根小组的设想可以合理地解释他们的发现。此后摩尔根小组又发现了更多的性连锁基因，这使他们进一步证明了基因就在染色体上。摩尔根小组除了发现基因在染色体上外，还发现某一特征在一种性别中出现的比例特别高。这也可以解释在英国王室成员中肆虐的血友病为什么大多只危害男性，而女性却可以安然无恙了。

在取得重大突破后，摩尔根小组继续进行染色体的研究。摩尔根小组在研究相同染色体的基因的时候，发现在精细胞和卵细胞的制造过程中，染色体会先断裂，再重新组成。例如，甲从父母那里分别遗传了一个 12 号染色体，他从母亲那里遗传到的染色体实际上是他母亲 2 条 12 号染色体在制造卵细胞时重组的产物，而他母亲从他外婆那里遗传到的 12 号染色体，则是由母亲的外祖父母的 12 号染色体拼接而成的。这从另一方面证明了萨顿—博里韦遗传理论的正确性，因为染色体会断裂重组，所以子代不会同亲代完全一致，会有某种变化，这也证明了摩尔根早期观点的错误。

在发现染色体的重组现象后，摩尔根小组就找到了确定基因位置的方法。因为染色体的断裂和重组会导致基因的位置发生变化。一般来说，由于相隔远的两个基因可能发生断裂的点较多，所以相隔远的两个基因之间发生断裂的可能性要多于相隔很近的两个基因。因此如果发现在染色体上两个基因重组的情况很多，就可以推测它们相距很远；重组的情况越少，则说明它们越接近。按照这个原理，就可以画出染色体上的基因图谱。经过实验，摩尔根小组发现基因在染色体上呈线状排列。1915年，摩尔根小组的4名主要成员摩尔根、斯特蒂文特、布里奇斯和马勒联合发表了《孟德尔式遗传机制》一书，证明并发展了孟德尔的理论。1933年，摩尔根因在遗传学上的杰出贡献获得了诺贝尔生理学或医学奖。这样，在孟德尔及摩尔根小组成员的努力下，现代遗传学的根基已经建立起来了。不过遗传学的发展之路仍充满着荆棘。

第二章
DNA 的分子结构

第一节　发现 DNA

摩尔根小组证明基因在染色体上后，生物学界的研究就集中在染色体上了。对于由组蛋白、非组蛋白和 DNA（脱氧核糖核酸）组成的染色体，科学家一开始就把目光投向了蛋白质，蛋白质是由 20 多个不同氨基酸组成的分子链，而氨基酸沿分子链的排列顺序是无限的，很像是基因的携带者。科学家们钟情蛋白质的原因除了蛋白质形似外，对 DNA 的生疏也是一个重要原因。由于 DNA 分子过于庞杂，难以用化学方法进行分析，在 20 世纪初生物学界对 DNA 还一无所知，对一个自己无知的事物科学家们显然是很难抱有希望的。

到 20 世纪 30 年代，随着科学技术的发展，科学家终于弄清楚了 DNA 是由 4 个碱基组成的。这 4 个碱基分别是腺嘌呤（简称 A）、鸟嘌呤（简称 G）、胸腺嘧啶（简称 T）、胞嘧啶（简称 C）。不过弄清 DNA 的碱基个数并未增加科学家的信心，因为相对蛋白质的 20 多个碱基，DNA 的 4 个碱基似乎太少了。

直到 1944 年，DNA 的价值才被科学家们认识到，而这要归功于科学家埃弗里。埃弗里是美国科学家，1877 年 10 月 21 日出生于加拿大新斯科舍哈利法克斯的一个牧师家庭，在家中3个男孩中排行老二，10岁时随家人迁往纽约，从此成为一名美国人。埃弗里后来进入美国哥伦比亚大学医学院学习。1904年，他从哥伦比亚大学毕业后到位于纽约布鲁克林的霍格兰实验室从事研究工作。1913年，他转到纽约的洛克菲勒附属医院工作，在这里他开始了对细菌的研究。1928年，英国微生物学家格里菲斯的一个发现引起了他的极大兴趣。

格里菲斯是一名对肺炎颇感兴趣的科学家，他对导致肺炎的致病菌——肺炎双球菌有很深的研究。肺炎双球菌按照外观可以分为平滑型（简称S型）和粗糙型（简称R型）两种形态。这两种类型的细菌在毒性上有很大差距，将S型注入小白鼠体内，小白鼠几天内就会死亡，而注入R型的小白鼠则会健康如初。后来发现S型的细胞有荚膜，可以防止小白鼠的免疫系统认出它是入侵者，而R型细胞则没有荚膜，它因此会

对小白鼠进行肺炎双球菌实验

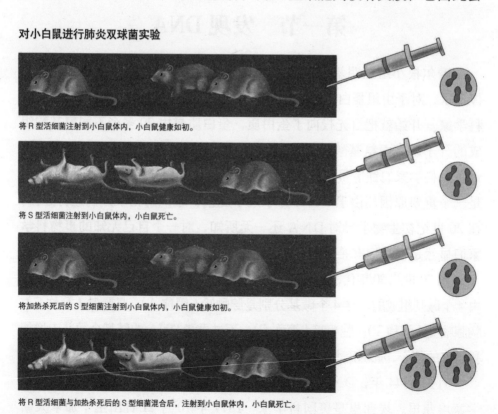

将R型活细菌注射到小白鼠体内，小白鼠健康如初。

将S型活细菌注射到小白鼠体内，小白鼠死亡。

将加热杀死后的S型细菌注射到小白鼠体内，小白鼠健康如初。

将R型活细菌与加热杀死后的S型细菌混合后，注射到小白鼠体内，小白鼠死亡。

遭到小白鼠免疫系统的攻击。一般科学家在发现荚膜之后都停止了对肺炎双球菌的研究，而格里菲斯则不然，他进一步进行了组合菌种的研究，即将 S 型和 R 型肺炎双球菌共同注入小白鼠的体内，以观察小白鼠的变化。当把活的 S 型和 R 型肺炎双球菌都注入小白鼠体内，小白鼠死亡了。当把经加热杀死的 S 型肺炎双球菌和正常的 R 型肺炎双球菌注入小白鼠体内，格里菲斯惊奇地发现，小白鼠竟然也死亡了。S 型肺炎双球菌经加热杀死后已经无害，而 R 型肺炎双球菌本来也无害，两种无害的细菌混合在一起为什么会造成小白鼠的死亡呢？为了寻求答案，格里菲斯将死亡的小白鼠身上的肺炎双球菌分离出来，结果在里面发现了活的 S 型肺炎双球菌。显然，已经被加热杀死的 S 型肺炎双球菌是不可能复活的，那么只有一种可能，就是新发现的活的 S 型肺炎双球菌是由 R 型肺炎双球菌转化而来的。格里菲斯就此推测，死去的 S 型肺炎双球菌里存在一种神秘的物质，活着的 R 型肺炎双球菌从死去的 S 型肺炎双球菌那里获得这种神秘物质后，就能够转化为 S 型肺炎双球菌。此后，格里菲斯又在死亡的小白鼠身上培养出了数代 S 型肺炎双球菌，证明这种转化不仅存在，而且可以遗传。那这种神秘物质是什么呢？格里菲斯将其称为转型因子，但他并没有进一步的发现。

　　格里菲斯是一个天性好静的人，他很少参加什么科学会议。一次，有一个科学会议需要他参加，为了能让他参加会议，他的朋友们把他架进出租车里，强行把他送至会场，在无奈之下他才发表了演讲。由于他过分低调，他对肺炎双球菌的研究未能引起科学界的广泛关注，不过幸好并非所有人都忽略了格里菲斯的研究成果。这其中就有埃弗里，同格里菲斯一样，埃弗里对肺炎双球菌也有浓厚的兴趣。他曾经细致研究过肺炎双球菌的免疫性，在研究中他发现肺炎双球菌的免疫具有专一性，这种专一性是由不同菌型的肺炎双球菌的荚膜中所含有的糖引起的。以此为基础，埃弗里提出了不同肺炎双球菌的灵敏检验法。对肺炎双球菌曾经有过的深入研究，使埃弗里对关于肺炎双球菌的任何新发现都十分敏感。当埃弗里得知格里菲斯的发现后，他立即意识到这个发现的意义。

埃弗里和同事麦克劳德、M.麦卡锡等人组成了研究小组，开始对转化因子进行研究。这个研究一直持续了 10 年。

埃弗里认同格里菲斯的观点，他也认为是转型因子造成了 R 型肺炎双球菌的转化，而他所要做的，就是找到这个转型因子。埃弗里研究小组采用试管培养肺炎双球菌，这使他们能更容易地在加热杀死的 S 型肺炎双球菌上找到转型因子。他们所采用的方法就是——破坏加热杀死的 S 型肺炎双球菌上的生化成分，看破坏哪种成分才能阻止转型发生。他们首先用水解的方法破坏了 S 型肺炎双球菌上的荚膜，但转型仍旧发生，这证明了荚膜不是转型因子。此后，他们用胰蛋白酶与胰凝乳蛋白酶两种酶制成了混合制剂（这两种酶都可以破坏蛋白质），对 S 型肺炎双球菌中的蛋白质进行破坏。然而让埃弗里研究小组成员大为吃惊的是，在 S 型肺炎双球菌中的蛋白质被破坏后，转型仍然没有停止。这使埃弗里研究小组的成员都兴奋起来——转型是可以遗传的。既然蛋白质被破坏不能阻止转型，这就说明遗传基因不在蛋白质上，科学界流行的论点被推翻了！而找到转型因子就意味着可以找到基因的载体。埃弗里研究小组加快了研究速度。他们又对 RNA（核糖核酸）进行了破坏，分解了 RNA 中的核糖核酸酶，但转型再次发生。最后，他们把目光投向了 DNA，用从 S 型肺炎双球菌提出的萃取物破坏了 DNA 中的脱氧核糖核酸酶，这次转型没有发生。这说明格里菲斯所说的转型因子就是"DNA"，而埃弗里研究小组也在科学史上第一次通过实验证明了遗传物质是 DNA，而不是蛋白质。埃弗里意识到自己发现的重要意义，虽然他仍然很谨慎，但做出重大发现的兴奋还是不可遏制的。他在 1943 年给弟弟罗伊的信中写道：

如果我们是正确的（当然，这一点还需要更多的实验证明），那就意味着 DNA（脱氧核糖核酸）并不仅仅是结构上重要，还是功能上活跃的物质，能够决定细胞的生化活性与特性。那么，就有可能利用已知的化学物质去准确地改变细胞并使这种改变遗传下去。这是遗传学家长期的梦想。

1944 年，埃弗里、麦克劳德、M.麦卡锡联合发表了他们的研究成果，结果在遗传学界掀起了轩然大波。对于笃信蛋白质的遗传学家来说，有 20 多个碱基的蛋白质显然更可靠一些。另外，他们也对 DNA 分子能否复杂到能够储存生物丰富的遗传信息感到困惑。可以说，除了少数遗传学家外，大多数遗产学家都不相信埃弗里的研究结果，如当时跟埃弗里同在洛克菲勒研究所的生物学家米尔斯基就强烈反对他的研究结果。

1948 年，洛克菲勒研究所强制埃弗里在 65 岁的时候退休，这样他就在自己的研究还未得到科学界确认的时候就离开了科学界。这也使他失去了用更多的实验证明自己的研究成果的机会。当时瑞典皇家科学院曾经讨论过埃弗里获得诺贝尔化学奖的可能性，显然，作为 DNA 是遗传物质的发现者，埃弗里是有这种资格的。但当时瑞典籍科学家汉马斯顿对这一提议竭力加以反对，在他的阻挠下，埃弗里直到 1955 年逝世的时候也未能获得诺贝尔奖。

在科学界对埃弗里的研究进行激烈论战的时候，科学家赫尔希和他的助手蔡斯认识到埃弗里实验中使用的 DNA，在纯度最高的时候也有 0.02% 的蛋白质，这也是科学界质疑实验结果的主要原因。那么，能不能将 DNA 和蛋白质完全分离开，单独观察 DNA 的作用呢？

1952 年，赫尔希和蔡斯以 T₂ 噬菌体为实验材料，利用最新的技术，完成了一个说服力更强的实验。在这个实验完成之后，再没有人怀疑 DNA 是遗传物质了。

噬菌体是以细菌为宿主的病毒，1915 年由特沃特首次发现，1917 年由德埃雷尔正式命名，意为细菌的吞噬者。T₂ 噬菌体为噬菌体中的一种，它的宿主为大肠杆菌，头部和尾部的外壳均由蛋白质组成，头部含有 DNA。在 T₂ 噬菌体的化学组成中，蛋白质占 60%，DNA 占 40%。T₂ 噬菌体在自身遗传物质的作用下，可以利用大肠杆菌内的物

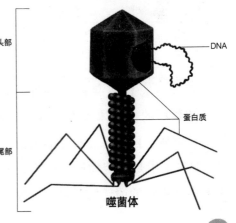

头部

DNA

蛋白质

尾部

噬菌体

质合成自身的组成成分，进行大量的增殖，当 T₂ 噬菌体的数量增殖到大肠杆菌能容纳的极限时，大肠杆菌就会破裂，释放出大量的 T₂ 噬菌体。

赫尔希和蔡斯在实验中采用了当时最为先进的同位素标记技术。他们先在含有放射性同位素 ^{35}S 和放射性同位素 ^{32}P 的培养基中培养大肠杆菌，之后用得到的大肠杆菌培养噬菌体。结果得到了 DNA 含有 ^{32}P 标记或蛋白质含有 ^{35}S 标记的 T₂ 噬菌体。然后再用这两种 T₂ 噬菌体分别浸染未被标记的大肠杆菌。经过短期的保温后，再使用搅拌器进行搅拌（使吸附在大肠杆菌上的噬菌体分离）、离心（让上清液析出重量较轻的 T₂ 噬菌体颗粒，而离心管的沉淀物中留下被感染的大肠杆菌）。在这一工作完成后，赫尔希和蔡斯发现，用 ^{35}S 标记的一组感染实验中，放射性同位素主要分布在上清液中，而用 ^{32}P 标记的一组感染实验中，放射性同位素主要分布在试管的沉淀物中。

此后二人进一步发现，在大肠杆菌裂解释放出的噬菌体中，可以检测到 ^{32}P 标记的 DNA，但检测不到 ^{35}S 标记的蛋白质。噬菌体浸染大肠杆菌的时候，DNA 进入大肠杆菌的细胞中，而蛋白质外壳仍留在外面，因此，子代噬菌体的各种性状，都是通过 DNA 遗传的，这也证明了 DNA 是遗传物质。

T₂ 噬菌体浸染大肠杆菌实验

亲代噬菌体	原宿主细菌内	子代噬菌体	实验结论
^{32}P 标记 DNA	无 ^{32}P 标记 DNA	DNA 有 ^{32}P 标记	DNA 是遗传物质
^{35}S 标记 蛋白质	无 ^{35}S 标记 蛋白质	外壳蛋白质无 ^{35}S 标记	

这样，从 1928 年格里菲斯提出转型因子，到埃弗里的实验，再到赫尔希和蔡斯的噬菌体实验，科学家们用了 24 年时间才最终证明了 DNA 是遗传物质，由此可见科学研究之艰辛。尽管后来人们发现除了 DNA 以外，RNA 也是遗传物质，例如，有些病毒的遗传物质就是 RNA。但因为大多数生物的遗传物质都是 DNA，因此，DNA 就是最主要的遗传物质。

第二节　《生命是什么？》

对于一个对物理学稍有了解的人来说，薛定谔的大名无疑是如雷贯耳的，他的一系列著作奠定了波动力学的基础，堪称 20 世纪最伟大的物理学家之一。然而鲜为人知的是，薛定谔对生物学也颇感兴趣，1944 年，他发表了一本薄薄的小书——《生命是什么？》。薛定谔在书中指出可以从储存和遗传生物资讯的观点来探索生命，而染色体只是资讯的携带者，由于每个细胞都要容纳那么多的资讯，所以这些资讯必须压缩成"遗传密码脚本"，植入染色体分子结构内。所以要了解生

薛定谔像

命，就必须辨识这些分子，破解遗传密码。《生命是什么？》这本书对生物学发展的影响是怎么说也不为过的，因为很多青年是在读了这本书之后才走上了生物学研究道路的。其中就包括日后发现 DNA 结构的沃森、克里克和与他们共同获得诺贝尔奖的威尔金斯。

1928 年 4 月 6 日沃森出生于美国芝加哥，父亲是一名收账员，母亲从事秘书管理工作，他是家中的长子，还有一个妹妹柏蒂。父亲和母亲都热爱学习，并把学习当成是比钱更重要的事情，这显然对小沃森产生了有益的影响。他后来回忆说："我们家没多少钱，但有很多书。"沃森从识字起就被书迷住了，他沉浸在图书的海洋里，如饥似渴地吸取知识的营养。在沃森 7 岁选择圣诞节礼物的时候，他宁愿不要玩具而要书，叔叔送给了他一本关于鸟类迁徙的书，结果沃森从此就对观察鸟类产生了浓厚的兴趣。作为一个孩子，沃森把书当成了自己最好的朋友，他每周五都和父亲一起到图书馆去借书。在 10 岁的时候，他就对世界年鉴产生了浓厚的兴趣，整日整夜地翻读。他后来回忆说："我的童年几乎就是在阅读中度过的，如果说那个芝加哥穷人家的小孩知道很多东西，那他是

11 岁的沃森、父亲和妹妹

从书中学到的，而不是从伙伴那里听到的，他的伙伴都太小，对读书不感兴趣。而正是读书使我对外面的世界有所了解。"

　　沃森的母亲是一名虔诚的天主教徒，她一直希望沃森成为和自己一样虔诚的天主教徒。12 岁的时候，沃森也按母亲的意愿到天主教堂接受了按手礼。不过母亲的愿望却落了空，因为沃森的父亲对宗教不感兴趣，而青春期的孩子更愿意跟父亲而不是跟母亲在一起。这使沃森更多地受到了父亲的影响，成了一个无神论者，这对他日后从事分子生物学研究是很必要的。从 12 岁起，沃森开始跟父亲观察鸟类。起初沃森只是为了满足自己的好奇心，但随着观察的深入，沃森发现自己想知道的越来越多了。他后来说："起初，我观察鸟类的部分原因是想看看那些稀有的鸟儿，但随着时间的流逝，我越来越想了解鸟类是如何迁徙的，关于这一点我一直都很困惑。我想知道鸟类是如何知道自己到哪里的，我想知道它们是如何指导自己跨过海洋做长途飞行的？"

　　可以说，在观察鸟类和阅读的过程中，一颗科学的种子在沃森的心中逐渐萌发了。由于天资聪颖，沃森很快就学完了小学和中学的课程。1943 年，年仅 15 岁的沃森作为特招生被招入了芝加哥大学（芝加哥大学每年只会招收几位读完高二的学生）。不过过早进入大学对沃森来说并不是什么好事情，因为他太小了。在一群朝气蓬勃的青年中显得那么另类，既得不到伙伴的友谊，也得不到女生的青睐。在大学的前两年，沃森的生活一塌糊涂。不过他并不是在无所事事地混日子，他从进大学的那一天起就树立了自己的目标——成为博物学家，不过他有这种理想的理由却比较奇怪：由于他自幼生长在芝加哥，所以他对城市的喧嚣简直深恶痛绝，梦想能够到宁静的地方去生活，而成为一名博物学家显然可以满足他的这种愿望(很明显这还是一个孩子的愿望)。然而在 1945 年的秋天，一切都改变了，他不仅树立了新的理想，生活也翻开了新的一页，而这都同薛定谔的那本《生命是什么?》密切相关。

1945 年秋天的一天，沃森在图书馆里靠看书度日，在书架里翻阅图书的时候，他发现了《生命是什么?》一书。这让他感到很惊奇，因为他知道薛定谔是当时最优秀的理论物理学家之一，而理论物理学向来被认为是科学中的翘楚（这是一种偏见），可这名物理学家怎么写起了生物学的图书来了呢? 沃森在好奇心的驱使下，把这本书从书架上取了下来，

他这时绝对不会想到，这本书竟然改变了他的一生。

沃森从读第一页开始就被吸引住了，并将书从头到尾一气读完。由于是一名无神论者，沃森根本不相信什么"上帝创造生命"，但如果生命与神无关，生命的本质又是什么呢? 沃森从书中似乎看到了答案，按书中所说，生命很可能是由一本由密码写成的指令书而永远长存的，那么是什么密码能够创造出如此绚烂的生物世界? 又是什么使染色体在复制时都重复出同样的密码? 突然之间，沃森觉得成为一名博物学家是多么愚蠢，探

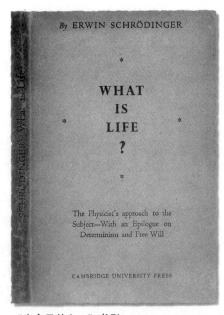

《生命是什么?》书影

此书为物理学家薛定谔的重要著作，它影响了许多人，也引导沃森走上了生命研究之路。

究生命的奥秘才是自己应该做的。从这一刻起，沃森知道了什么是重要的，也知道了自己该干什么。从《生命是什么?》一书中，沃森了解到生命和遗传的关键是基因，基因携带着特殊的指令，代代相传而不失真。于是他开始上与基因有关的课程，开始了基因方面的研究。在他的研究工作开始的时候，他得知埃弗里实验的消息，意识到遗传学必将会出现重大的突破，为此他决定在芝加哥大学毕业后到研究生院去学习遗传学。

到哪个研究生院呢? 一时沃森还拿不定主意，不过等他得知马勒在印第安纳大学的时候，他就知道自己要去那里就读了。身为摩尔根小组的重要成员，马勒见证了 20 世纪前半叶遗传学的发展，他同李森科伪科学斗争的事迹更让沃森钦佩。为此，沃森于 1947 年来到了印第安纳大学攻读遗传学的博士。不过沃森经过短暂考虑后，并没有请马勒当他的博士生导师。因为对沃森来说，马勒对果蝇的研究似乎是过时了，而当时卢瑞亚教授进行的噬菌体研究则代表了未来的方向。原因在于噬菌体实验要比果蝇快得多，噬菌体的遗传杂交子代在隔天就可以分析，而果蝇则要等 10 天。

卢瑞亚能到印第安纳大学还是纳粹所赐。第二次世界大战中法国沦陷后，身为犹太人的卢瑞亚无以存身，被迫逃到美国。当时德国科学家戴波克因为反对纳粹也逃到了美国。1943 年，他们同才华横溢的美国科学家赫尔希组成了研究小组，共同研究噬菌体的繁殖过程。1947 年，沃森也参加了这个研究小组，他的任务是研究光是如何杀死噬菌体的。起初沃森希望能够证明噬菌体死亡是因为它本身的 DNA 遭到了破坏。但在对 DNA 的分子结构以及其他所有化学细节一无所知的情况下，这种证明显然是不可能的。在完成自己的博士论文后，沃森开始四处去找能够让他研究 DNA 分子结构的实验室。1950 年，沃森取得博士学位后到丹麦哥本哈根大学进行 DNA 的研究，那里的首席科学家卡尔卡正在研究 DNA 小分子的合成作用，沃森跟随卡尔卡研究了一段时间后，发现采用他的方法永远不能了解 DNA 的结构。沃森意识到，在哥本哈根大学多待一天，就意味着会晚一天发现 DNA 的结构。

1951 年，为了躲避丹麦寒冷的春天，沃森来到意大利那不勒斯研究所。在那里他参加了一个小型研讨会，那个研讨会是关于以 X 线衍射法决定分子的三维结构的。用 X 线轰击晶体，X 线在撞到原子时会弹开散射，从 X 线的衍射图形中可以获得有关分子结构的重要信息，这就是 X 线衍射法。但光靠 X 线还不够，还需要解决"相分配"的问题来处理分子的波性质，而这一般都是非常困难的。所以用 X 线衍射法研究的分子，一般都是一些简单的分子。

　　基于上述理由，沃森对这次研讨会期望不高，因为 DNA 分子太复杂了，X 线衍射法对此显然是无能为力的。不过当伦敦国王学院的威尔金斯发表演讲后，沃森就改变了自己的看法。

　　威尔金斯是英国物理学家，他曾参与了美国的曼哈顿计划。原子弹在广岛、长崎爆炸后，威尔金斯看到科学成为毁灭人类的工具，理想一度幻灭。于是他离开美国前往法国巴黎，并曾想从此与科学绝缘。不过受《生命是什么?》的影响，威尔金斯又对生物学产生了兴趣。他开始试着用 X 线衍射法来解开 DNA 的分子结构之谜。

　　讲演开始后，威尔金斯就开门见山地说："生命细胞中核蛋白晶体的研究，可能是帮助人们接近基因结构的一种途径。"这显然谁都知道，因此沃森并没在意。在他讲演快要结束的时候，威尔金斯展示了一张他从前摄制的 DNA 的 X 线衍射照片，上面有很多明确的反射影像，这证明 DNA 是高度规则的结晶体。由此可知，DNA 有规则的结构，而只要能解开这个结构，就可以发现基因的本质了。当意识到这一点后，沃森简直欣喜若狂，他恨不得马上就到伦敦去，同威尔金斯共同进行研究。在研讨会结束后，

威尔金斯在伦敦国王学院的实验室里

鲍林（右）拿着 α 螺旋模型

他马上找到了威尔金斯，同他谈 DNA 的问题，不过威尔金斯表示研究才刚刚开始，还有很多工作要做。

这时科学界的又一重大发现也启迪了沃森，那就是 α 螺旋的发现。α 螺旋是蛋白质里氨基酸的排列结构（多肽），它的发现人是鲍林。鲍林出生于美国俄勒冈州的一个药剂师家庭，他同沃森一样自幼就酷爱读书。在他 9 岁的时候，他的父亲给《俄勒冈人》报写信，希望他们能提供可供他儿子阅读的书籍，因为小鲍林那时已经读完了《圣经》和《物种起源》。由于父亲过早去世，鲍林一家很快就陷入了困境，但鲍林仍在艰难之下坚持完成了学业。他后来写成了《化学键的本质》一书，奠定了当代化学的基础，成为 20 世纪最著名的化学家之一。

令人惊奇的是，鲍林发现 α 螺旋并不是依靠什么先进的仪器，而是他身为化学家丰富的经验和天才的想象。在推测何种螺旋结构最符合多肽键的化学结构时，鲍林制作了蛋白质分子不同部分的缩尺模型，找出了最可能的三维结构。此后，奥地利科学家皮鲁兹用合成多肽的方法证明了 α 螺旋的正确。当沃森得知这一消息的时候，他心中不由得产生了这样的想法，鲍林能用这种特殊的方法推测出 α 螺旋的结构，那我为什么不能用它推导出 DNA 结构呢？

由于沃森急于离开哥本哈根大学，他的导师卢瑞亚开始为他安排到英国剑桥大学的卡文迪什实验室去进修。卡文迪什实验室是英国物理学家卡文迪什的后人为了纪念他在 1871 年建立的一个实验室，这个实验室先后由数名学者领导，对现代物理学的发展做出了巨大的贡献，是世界上最著名的科学实验室之一。沃森到卡文迪什的进修没有遇到任何阻碍，实验室的负责人没有因为沃森是学生物的而不是学物理的而刁难他，反而对他关怀备至，这样沃森就在卡文迪什实验室开始了自己的研究工作，此时他年仅 23 岁。

在卡文迪什实验室，沃森和科学家克里克共用生化研究室，他们俩的碰面导致了日后的一段传奇。克里克 1916 年出生于英国的北安普敦，父亲是制鞋厂老板，克里克自幼就对世界充满了好奇，总爱问一些稀奇古怪的问题，他的双亲就给他买了一本《儿童百科全书》。结果他看完之后虽然没有了疑问，却变得苦恼起来，他跟母亲说，他很怕自己将来长大以后，世界上能发现的都被人发现了，这样他就无事可干了。母亲为了安慰儿子，就告诉他将来一定还有未知的事物等着他去发现，而母亲的预言在日后果然实现了。

同沃森不一样，克里克并不是神童，他并没有在 22 岁就读完了博士，而是在 21 岁的时候读完了本科，取得了伦敦大学学士学位。第二次世界大战爆发后，他参加了英国皇家海军制造磁性鱼雷的工作，战后他原本计划留在军方的研究机构中做一名军工专家。但在他拜读完薛定谔的《生命是什么?》一书后，他就对生物学产生了浓厚的兴趣，并决定以后向生物学方向发展。他开始在剑桥的斯特兰奇韦斯实验室工作，1949 年来到了卡文迪什实验室，从事蛋白质三维结构的研究。

沃森刚到卡文迪什实验室，就让实验室的负责人佩鲁茨带他去找克里克，但克里克不在家，他只见到了克里克的妻子奥黛。奥黛对沃森的发型感到很好奇。等克里克回来的时候，奥黛对他说："佩鲁茨带着一个美国年轻人说他想见你，你说怪不怪，他竟然没有头发。"当然沃森并不是剃了光头，而只是留了平头，不过在普遍

克里克在卡文迪什实验室

留长发的剑桥这显然是很另类的。听了妻子的话后，克里克第二天早上就亲自去找沃森，他们的会面大约持续了半个小时。克里克听说沃森来卡文迪什实验室是为了学习有关晶体学的知识，以便破解 DNA 结构时，大为高兴，显然他也对此相当感兴趣。无论沃森还是克里克都认为在喧嚣的科学场所没有什么秘密可言，固然人要有竞争精神，但为了加快研究速度，相互的交流还是必不可少的，而没有必要互相封锁，所以二人很快就决定合作进行 DNA 研究。不久二人又深谈了一次，沃森在这次谈话中提到了鲍林的方法，表示采用这种办法可以加快研究速度，否则他们做 10 年的实验都未必能够发现 DNA 的结构，克里克很赞同沃森的观点。为了加快研究速度，克里克还决定在星期天邀请威尔金斯共进午餐，看看威尔金斯自那不勒斯演讲以来有什么新进展。

威尔金斯自那不勒斯演讲之后就不是一个人在战斗了，他多了一位同伴，她就是罗莎琳。罗莎琳毕业于剑桥大学，是一个视事业胜过生命的女性，在她 29 岁生日的时候，她只要订阅科技刊物《晶体学报》作为生日礼物。不过她的生活并不只是做实验，在工作之余她还热爱登山和社交，在假期的时候，罗莎琳几乎游遍了欧洲的名山大川。

罗莎琳是在威尔金斯不在的时候接受聘任，参加国王学院的 DNA 计划的，因此不管威尔金斯愿不愿意，他都必须跟罗莎琳合作。他们的实验

罗莎琳在阿尔卑斯山

罗莎琳在工作之余喜欢登山，她几乎游遍了欧洲的名山大川。

室在地下三层的一个阴冷的房间内，环境幽暗恐怖，罗莎琳很不喜欢这里的环境，但她还是坚持下来了。罗莎琳和威尔金斯不在一起工作，但他们经常交流，分享彼此的研究成果。威尔金斯和罗莎琳的性格根本合不来。罗莎琳性格率直，喜欢辩论，注重数据资料，而威尔金斯性格内向，勇于猜想，二人为了学术上的问题经常争吵，合作几乎进行不下去了。在克里克邀请威尔金斯吃午餐之前，两人就大吵了一架。

在同沃森和克里克共进午餐的时候，威尔金斯告诉他们自己没有什么进展。而由于自己和罗莎琳的关系恶化，他也不知道罗莎琳有什么进展。不过国王学院实验室 11 月初要举办研讨会，罗莎琳到时会发言，只要沃森和克里克参加这个研讨会，就能知道罗莎琳的进展了。

克里克由于有事未能赴会，只有沃森一人参加了研讨会。听了罗莎琳的讲演之后，沃森回去把所听到的与 DNA 晶体有关的内容，如晶体重复和含水量的测量值等告诉了克里克。克里克听完之后马上在纸上绘制螺旋网格，他们知道自己已经找到制作 DNA 模型的方法了。回到剑桥后，沃森马上让实验室的机械部门制造磷的原子模型，以便用它建造 DNA 分子中磷酸糖骨干的片段。原子模型做好以后，沃森和克里克开始尝试磷酸糖骨干在 DNA 分子中央不同的缠绕方法。他们采纳了威尔金斯的设想，把重点放在了三链结构上。等他们发现有一种模型很可能就是 DNA 的结构时，克里克打电话给威尔金斯，告诉他自己和沃森已经发现了 DNA 的分子结构。

这个消息对国王学院实验室的威尔金斯和罗莎琳可不是什么好消息，在突然而来的竞争面前，二人不得不搁置分歧，一起去了剑桥。在火车上，他们都忐忑不安，生怕沃森和克里克抢了先。不过他们一到剑桥就彻底放心了，因为沃森和克里克犯了最基本的错误，把概念弄错了。这要怪沃森，由于沃森初学晶体学，没有分清晶胞和不对称单位这两个概念的区别，结果误解了罗莎琳演讲的意思，把富含水分的 DNA 晶体误认为不含水分。而富含水分的 DNA 分子为了容纳它的水分子，磷酸糖骨干就得在分子外面，而不是在分子中央。罗莎琳当场就指出了沃森和克里克犯的错误，这让他们备受打击。而更大的打击还在后头，卡文迪什实验室的负责人布拉格这时决定，DNA 的研究由国王学院实验室的威尔金斯和罗莎琳去做，而沃森和克里克研究蛋白质就行了。因为卡文迪什实验室和国王学院实验室都是由医学研究委员会赞助的，它们之间展开竞争岂不是笑话。上司发布了命令，沃森和克里克只得听从。不过他们并不甘心，他们觉得通过制作模型可以发现 DNA 的结构。而这时他们又得知鲍林也加入了研究 DNA 结构的行列，尽管威尔金斯拒绝向鲍林提供资料，但鲍林取得成果是迟早的事情。时不我待，可实验室不允许，沃森和克里克又不能擅自行动，怎么办呢？

第三节　美丽的双螺旋

1952 年的春天，沃森和克里克在实验室的压力下被迫放弃了 DNA 的研究，克里克又回到了他原来的血红蛋白的论文上，沃森也被分配去做烟草花叶病毒的研究。不过显然他们对自己的本职工作都心不在焉，心思还在 DNA 上。烟草花叶病毒的工作量很少，这使沃森有时间在图书馆里静下心来看书，查阅有关 DNA 的资料，而克里克也在业余时间关注着 DNA。

就在沃森和克里克被迫停止研究的时候，科学界对 DNA 的研究却取得了突飞猛进的进展。1952 年 4 月，赫尔希和他的助手蔡斯通过实验证明了 DNA 是遗传物质。当赫尔希写信把这个消息告诉沃森的时候，沃森正在牛津参加英国微生物学会议，他接到信后极为激动，当即向与会的各国生物学家宣读了这个消息，这引起了极大的震动。生物学家们意识到："从此以后每个人都会更加重视 DNA 的作用。"而鲍林更是把全部的精力投入到 DNA 的研究之中。

1952 年 5 月，沃森和克里克到伦敦参加了英国皇家学会的蛋白质会议，在这里他们碰到了威尔金斯。威尔金斯对他们说自己同罗莎琳的不和正在加深，这让他感到十分痛苦。他还说自己现在在研究上毫无进展，

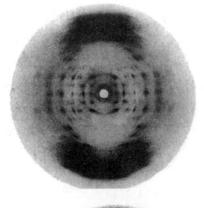

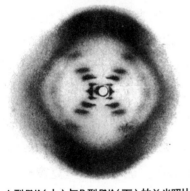

A型DNA(上)与B型DNA(下)的X光照片

希望沃森和克里克能替代他做DNA的研究工作。但这显然不是沃森和克里克能够决定的事情，他们就安慰威尔金斯，让他把研究进行下去，以免鲍林拔了头筹。有意思的是，鲍林当时也想来参加这次蛋白质会议，他想借机去看看国王学院同行们做的DNA的 X线衍射图像，但要上飞机的时候他的护照却被收缴了。原来当时麦卡锡运动正在美国开展得如火如荼，鲍林因为被特工们怀疑同情左翼分子而上了黑名单。他看DNA的X线衍射图像的愿望至此破灭，这对他的竞争者来说是一件好事。

　　在威尔金斯毫无进展的时候，罗莎琳却取得了意外的突破。她首先用干的、压缩的 A 型DNA结晶的单纤维做成了X线衍射图像，并拍摄了照片。这个 A 型DNA样品随后不可逆地变成了含水量高、可伸展的B型。1952 年 5 月 2 日，罗莎琳的研究生戈斯林为B型DNA拍摄了照片。B型DNA的X线图是一个清晰的十字，而当时的科学研究已经证明这种十字形的反射图案都是由螺旋造成的。显然，罗莎琳已经找到了发现DNA之谜的线索了。但当时她把注意力放在了A型DNA上，忽视了B型DNA，这使她与DNA的分子结构擦肩而过。

　　在罗莎琳发现B型DNA的时候，沃森和克里克也开始取得了突破。沃森在剑桥大学的图书馆里看到了哥伦比亚大学教授查哥夫的论文。查哥夫在论文中指出，在DNA中，腺嘌呤和胸腺嘧啶的数量大致相当，而鸟嘌呤与胞嘧啶的数量也差不多。沃森把查哥夫的这一发现告诉了克里克。不过克里克对此并未在意，他的注意力还放在其他问题上。1952 年 6 月的一天晚上，克里克同理论化学家约翰·格里菲斯（发现转型因子的格里菲斯的侄子）一起去听天文学家戈尔德关于"完善的宇宙法则"的讲演。听完讲演后二人去喝酒，在酒桌上二人不由得谈论起刚才听的讲演，不过二人关心的问题却是生物学中是否也存在"完善的生物学法则"。克里克认为"完善的生物学法则"就是基因的复制，那么这种复制是如何进行的呢？约翰·格里菲斯认为碱基是扁平的，或许它们会彼此相互重叠或互相吸引。那碱基为什么会互相吸引呢？显然，这种吸引跟氢键无关，因为氢键可以随意地到处游走。如果不是氢键的话碱基之间显然存在某种引力，这种引力使碱基互相吸引。当二人谈论到这里时发生了分歧，克里克认为碱基之间的吸引是同种碱基之间的吸引，如腺嘌呤吸引腺嘌呤，而约翰·格里菲斯则认为是异种碱基之间的吸引，如腺嘌呤吸引胸腺嘧啶。

在酒馆里争论显然是找不出结果的，这时的关键问题是要算出碱基之间的引力，幸运的是精通量子力学的约翰·格里菲斯具备计算这种引力的能力，他马上就回实验室去计算了。几天之后，约翰·格里菲斯和克里克在卡文迪什实验室的茶屋相遇，他告诉克里克，他已经算出来了，腺嘌呤和胸腺嘧啶结合，而鸟嘌呤与胞嘧啶结合。这时，克里克突然想起沃森告诉他的查哥夫的论文，如果约翰·格里菲斯计算正确的话，那么腺嘌呤和胸腺嘧啶、鸟嘌呤和胞嘧啶的量必然相等，这就说明查哥夫的结果是正确的。克里克马上就让约翰·格里菲斯去查阅他的论证过程，不过克里克在复核时发现，约翰·格里菲斯为了加快计算速度，在计算过程中忽略了很多变量，因此计算是不完全的。另外有些科学家还对查哥夫的结论表示质疑，认为他低估了胞嘧啶的真实数量。尽管如此，克里克还是认为查哥夫的

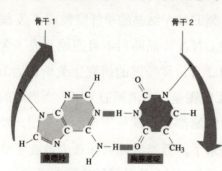
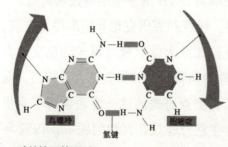

碱基的互补配对

理论是正确的，只是需要时间加以证明罢了。

　　1952 年 7 月初的一天，沃森和克里克得知查哥夫来剑桥了，他们赶紧去见他。而查哥夫显然对他们印象不佳，就像他以后回忆的那样："我从来没有见过像他们俩那样知道那么少而又急于想了解的人。"在谈话伊始，查哥夫就调侃起沃森的长发（到剑桥之后他入乡随俗留起了长发）和美国芝加哥口音的英语，这让沃森十分气愤，直到多年后还耿耿于怀。在谈论碱基的时候，由于克里克一时想不起来 4 个碱基之间的差异，查哥夫对他们更加轻蔑，一时间气氛十分尴尬。直到克里克提起约翰·格里菲斯的计算，气氛才缓和了下来。不过克里克这时脑子已经陷入了混乱之中，他既忘了什么碱基和什么碱基互补，也忘记了哪个碱基中含有氨基（NH_2），只好要求查哥夫写出分子式，以便自己定性地描述量子力学理论。最后这场难堪的会面草草收场，沃森和克里克一无所获。尽管备受白眼，但查哥夫的结论还必须加以证明，克里克只好去找约翰·格里菲斯，却意外地发现他已陷入爱河之中，于是克里克只能自己去查找资料了。

　　1952 年 7 月中旬，沃森去巴黎参加了国际生化会议，在这里他又遇到了查哥夫，不过二人并没有说话，很明显上次会面造成的芥蒂还未消除。这次国际生化会议最大的新闻就是鲍林也参加了会议。上次鲍林被没收护照后媒体对此作了广泛的报道，一时间闹得沸反盈天，美国政府为此特地让鲍林来参加这个会议，以平息国际舆论。国际生化会议结束后，沃森参加了一次噬菌体会议，会议进行过程中鲍林也来参加了。在午餐会上，沃森第一次见到了鲍林和他的妻子海伦。虽然沃森和鲍林是学术上的对手，不过他们还是相见甚欢，谈得很融洽。当海伦得知沃森会在剑桥呆很长时间后，还跟他长谈了一会儿，希望他能够帮忙照顾她在剑桥读研究生的儿子彼得。鲍林夫妇回美国的时候偶然同查哥夫同船，不过鲍林与查哥夫并没有交谈，鲍林因此对查哥夫的新发现一无所知，又一次和命运之神擦肩而过。

　　沃森从巴黎回来后转入了对细菌的研究，他惊奇地发现细菌也有"性生活"，他的兴趣一下子都被细菌吸引住了。这让克里克十分伤心，不过他仍然在写博士论文的同时关注 DNA 的研究。他首先做了水溶液的实验，想通过实验证明，在水溶液中，腺嘌呤和胸腺嘧啶、鸟嘌呤和胞嘧啶之间存在吸引力，但没有取得任何成果。约翰·格里菲斯也未能给克里克提供什么帮助，二人在合作过程中由于想不到一块去，常常话谈了一会儿就无法进行了。眼看没有什么希望了，克里克决定找威尔金斯好好谈谈。

1952 年 10 月下旬，克里克到伦敦见到了威尔金斯，威尔金斯准备了丰盛的午餐款待这位远道而来的朋友。虽然克里克想谈谈 DNA，但是威尔金斯却说起了蛋白质，结果午餐时间大半都浪费了。好不容易说完蛋白质，威尔金斯又谈起了他同罗莎琳之间的矛盾，仿佛有一肚子苦水要向克里克倾诉，结果二人竟没有谈论任何关于 DNA 的事情。当克里克告辞后在路上想起自己忘了把约翰·格里菲斯的计算结果与查哥夫的发现相符的事告诉威尔金斯，不过他懒得再回去，就赶回了剑桥。

由于在 DNA 的研究上毫无进展，克里克被迫停止了研究，转而去研究超螺旋的方程式问题。很快他就得到了结果，论文在著名科学杂志《自然》上发表，这为他赢得了同行的钦佩，可这跟 DNA 有什么关系呢？

尽管鲍林的运气很不好，可他的研究一直没有停止。1952 年 12 月份的时候，他寄给儿子彼得一封信，告诉他自己已经找到了一种 DNA 的结构，不过除此之外他什么也没说。彼得拿着信高兴地去找沃森和克里克，告诉他们他父亲的研究取得了重大进展。沃森和克里克反复看这封信，希望能发现点什么。但是鲍林在信中除了说发现一种 DNA 的结构外再没有说什么，他们除了感到绝望之外一无所获，他们俩都觉得鲍林可能做成了。约翰·格里菲斯为了安慰他们，跟他们说鲍林没有看过威尔金斯和罗莎琳的 X 线衍射照片，他不一定能做成。但沃森和克里克的心里还是没有底，他们所做的只能是等待。

到第二年即 1953 年年初的时候鲍林终于完成了研究，并正式发表了论文。论文发表后鲍林把论文的单行本寄给了剑桥卡文迪什实验室，卡文迪什实验室的负责人布拉格怕沃森和克里克分心，就没有把单行本给他们看。1953 年 1 月 28 日，彼得也收到了父亲寄来的单行本，彼得收到单行本后马上去见沃森和克里克，告诉他们他父亲的研究已经取得了重大的进展，制作出了一个以糖和磷酸骨架为核心的三链 DNA 模型。

沃森得知后，在迅速浏览了鲍林的论文的导言、结论和配图后，沃森觉得鲍林好像有地方错了。鲍林提出的模型是三条链悬挂在一起，采用氢键来稳定磷酸的，因此在鲍林的模型中磷酸基没有解离。DNA 是酸，在酸之中磷酸基可能不解离吗？想到这，沃森发疯似的跑到附近的有机化学实验室，向化学家托德和马克汉姆请教，这两名化学家都证实 DNA 是酸，而在酸中磷酸基一定会解离。不可思议的事情发生了，鲍林这个当时世界上最优秀的化学家之一竟然把化学中最基本的原理弄错了。实际上他等于是把 DNA 中代表酸的 A 去掉了，这样他研究的就是 DN 而不是 DNA，DNA 是脱氧核糖核酸，而 DN 连酸都不是。

最终证明鲍林弄错了，这显然让沃森和克里克都感到很欣慰，但他们知道，鲍林很快就会知道自己的错误。时间不多了，沃森和克里克都认为要立即开始行动。沃森马上拿着论文到伦敦去找罗莎琳和威尔金斯，告诉他们鲍林弄错了。沃森首先见到了罗莎琳，但是罗莎琳对这篇论文一点儿都不感兴趣，她把全部精力都放在了 A 型 DNA 上了。由于沃森极力对她说 DNA 的结构是螺旋，二人还大吵了一架。两人争吵的时候中间隔着工作台，随着争吵越来越激烈，罗莎琳突然向沃森走了过来。沃森怕罗莎琳打他，转身就跑，结果在门口碰到了威尔金斯，在威尔金斯的帮助下才解了围。在威尔金斯和沃森往外走的时候，威尔金斯对沃森说自己在几个月前同罗莎琳也发生了一次冲突，那次罗莎琳就要打他，他本想逃，可罗莎琳把门堵住，过了很长时间才放了他，这次沃森还算比较幸运。

到了威尔金斯的实验室后，威尔金斯把最新的 B 型 DNA 的照片拿给他看，这让沃森大吃一惊，因为在此之前他从未见过 B 型 DNA 的照片，而这充分证明了 DNA 的结构就是螺旋。既然罗莎琳能找到 B 型 DNA，那鲍林也能找到。沃森敦促威尔金斯不要浪费时间，赶快开始做模型。但这个时候威尔金斯却没有做实验的心思，原来他跟罗莎琳的关系已经发展到了不可收拾的地步。罗莎琳为此同加州理工学院的科瑞教授联系，约定在 1953 年夏季转到那里工作，以避开国王学院令人痛苦的环境。威尔金斯因此想等到罗莎琳走后再开始研究工作。

沃森回到剑桥后向布拉格报告了发现 B 型 DNA 的消息，布拉格意识到机会就在眼前，他命令沃森和克里克马上开始研究。沃森让卡文迪什实验室的工厂帮他们做一套锡制的碱基模型，但是工厂进度很慢，结果沃森只能先用硬纸板剪出粗略的模型。

要搭建 DNA 模型首先要解决的是 DNA 是二链还是三链的，通过对 DNA 密度测量证据的分析，沃森认为 DNA 应该是二链的。克里克对此也表示赞成，因为他知道在自然界中重要的生物体都是成双成对的，DNA 显然也不会例外。再说染色体分裂的时候数量都复制 2 倍，而不是 3 倍，这个事实也可以说明 DNA 为二链结构。

决定采用二链结构后，沃森很快就把几个短的糖和磷酸骨架串联起来，做成了一个骨架在中心的 DNA 模型，但他做了一会儿发现自己在走以前的老路。因为从立体化学的角度来说，如果骨架位于中心的话，那么所有符合 B 型 X 线衍射图的模型，都比不上他们 1 年前做的那个错误的三链模型，这么说骨架放在中心是错误的。如果碱基在中心的话，那问题就多了，怎么才能把 2 条或者多条核苷酸链和不规则碱基顺序结合在一起呢？对此克里克显然也没有办法。

第二天，沃森就把做好的骨架在中心的模型拆了，和克里克一起做了一个骨架在外面的 DNA 模型，这可以暂时避开碱基的问题。周末的时候，威尔金斯来访，沃森和克里克在克里克家里款待了威尔金斯。对威尔金斯，沃森和克里克是有歉疚之情的。威尔金斯做了很多年的 DNA 研究，DNA 结构发现者的桂冠应该归属于他。另外，威尔金斯还毫不保留地告诉他们 DNA 研究的资料，但他们却背着他偷偷地做 DNA 的研究，这让他们不能心安。大家一见面，沃森和克里克就极力劝威尔金斯重启暂停的 DNA 研究，但威尔金斯坚持说自己只有在罗莎琳走后才能开始研究。这时克里克问威尔金斯："如果我们开始研究 DNA 模型，你会不会介意？"威尔金斯听完之后很缓慢地说了一个"不"字。沃森和克里克听到这句话后都宽心了很多。当然即使威尔金斯不同意,沃森和克里克的研究也肯定会进行下去,因为 DNA 分子结构发现者的桂冠是谁也无法拒绝的。

　　1953 年 2 月的时候,克里克得知国王学院实验室向医学研究委员会生物物理分会递交了他们研究工作的总结报告,这个报告并不是什么保密资料,所以医学研究委员会生物物理分会的委员们每人都有一份。克里克请求委员佩鲁茨让他看一下这个报告,佩鲁茨显然认为"没有理由不让他看",就把报告给了克里克。对克里克来说,这份报告中最有价值的就是罗莎琳大量、准确的 DNA 测量数据了,经过分析这些数据,有着丰富晶体学知识的克里克已经可以肯定 DNA 是双链结构了,这两条链必定是一条往上走,另一条往下走。也就是说一条链上的碱基顺序必定与另一条链上的碱基顺序互补。在双链结构中阶梯状的碱基对围一圈,重复形成螺旋,一个碱基与另外一个碱基的角度为 36°。克里克与沃森所做的模型与此差别不大,只要做简单改进就可以了。解决了基本问题后,剩下的就是给碱基配对了,这可没有什么秘诀,只能一个一个地去试。沃森把全部精力都投入到碱基配对上,他没日没夜地做实验,想问题。只是偶尔才会出外散散心。一次在外面散步时他遇到了彼得,沃森告诉他,自己正在跟他父亲鲍林竞争诺贝尔奖,显然沃森志在必得。

　　由于受错误教科书的误导,沃森做了 2 个星期都毫无收获。1953 年 2 月 27 日上午,加州理工学院的教授多诺霍来卡文迪什实验室访问。他指出了教科书上的错误,这样沃森才重新走上了正途。当天下午,沃森花了一个下午时间用硬纸板剪了 4 种碱基的图样,准备重新进行碱基配对。不过他并没有干通宵,而是去了剧院,他太需要放松一下了。

　　2 月 28 日,沃森很早就来到了实验室,这时实验室还空无一人,他把桌子整理了一下,就开始摆弄自己的碱基模型。起初他尝试着用同种碱基配对,但都一无所获。这时加州理工学院的教授多诺霍走进了实验室,沃森看不是克里克,便接着摆弄碱基寻找各种可能的配对方式。突然,沃森发现,一个由 2 个氢键维系的腺嘌呤—胸腺嘧啶对和一个至少由 2 个氢键维系的鸟嘌呤—胞嘧啶对的形状竟然是相同的。这种相同只能是大自然的杰作，而不可能是人为的。他马上把多诺霍叫到跟前，问他对自己新想出来的碱基对有没有意见，当多诺霍说没有意见时，沃森不由得欣喜若狂，他已经找到了正确的碱基配对了。这种配对首先可以解释查哥夫的发现。如果一个嘌呤总是通过氢键同另一个嘧啶相连，那么两条不规则的碱基顺序就可能规则地成为螺旋的中心。而且，要形成氢键，就意味着腺嘌呤必须和胸腺嘧啶配对，鸟嘌呤必须和胞嘧啶配对，这样查哥夫的发现就被证实了。另外腺嘌呤和胸腺嘧啶配对，鸟嘌呤和胞嘧啶配对又表明两条相互缠绕的链上碱基顺序互补，这样确定一条链的碱基顺序，另一条链的碱基顺序也就自然确定了。而这种模式也可以解释 DNA 的复制。

不一会儿克里克走了进来，当沃森告诉他自己已经发现 DNA 的结构时，他几乎发疯了。克里克拿起碱基模型用各种办法进行配对，以验证沃森的发现是否正确，几乎尝试了所有方法后，他发现除了沃森的那种配对方法外，没有一个符合查哥夫的发现。不久他又发现，沃森的配对方法正好可以造成 DNA 的双链以相反的方向连接。这些都说明了一个问题，那就是沃森对了。克里克不由得对沃森大喊："小伙子，太漂亮了！"他们这时都知道他们将名垂青史。

沃森和克里克想的是尽快把模型做出来，因为靠硬纸壳制作碱基显然是不可能的。为此沃森去催促工厂加快速度，不过这显然得等到第二天。沃森和克里克都回家休息去了，沃森突然想起了鲍林，他觉得还是应该快点把模型做出来，要是鲍林也碰巧发现了碱基配对方法可不是什么好事情。不过晚上见到彼得的时候，他还是把自己发现 DNA 结构的事告诉了彼得。彼得对此并未感到不高兴，反而感到非常激动，虽然他的父亲在科学竞赛中落败了，但他是为自己的朋友沃森的成功感到由衷的高兴。

1953 年 3 月 1 日，工厂终于把碱基的模型做好了。沃森和克里克正式开始制作模型，这可是一个累人的活，尽管他们都充满了热情和干劲，可也没法在一天的时间内干完。3 月 2 日，他们早早地来到实验室，又开始了制作模型的工作，到晚上，模型终于大功告成。卡文迪什实验室的负责人布拉格对模型还有点不放心，他让实验室的化学专家们检查模型是否有化学方面的错误，而化学专家们见到模型后唯一的问题就是"为什么不是自己发现了DNA 的结构"。

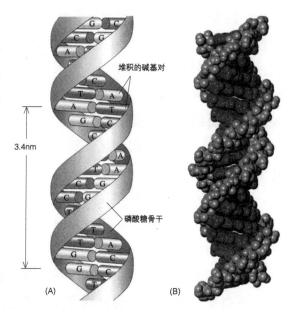

碱基与骨干就位，形成双螺旋。(A)是将 DNA 的两股连接在一起的碱基配对系统，(B)是将分子的原子细节按比例呈现的"空间填充"模型。

沃森和克里克发现DNA 结构的事很快就轰动了整个科学界，科学家们从各地赶来参观他们做的模型。克里克和沃森也十分高兴地站在模型旁边向科学家们介绍自己的发现。曾经默默无闻的同事现在变得声名远扬，沃森和克里克剑桥大学的同仁们不由得妒火中烧。尽管沃森和克里克的发现意义重大，但剑桥大学的教授们却没有邀请他们在学校讲演，反而为他们俩做的模型取了个绰号——"WC"，沃森名字的第一个字母是 W，克里克名字的第一个字母是 C，这么说取名为"WC"倒也不为过，但是"WC"在英文中还有一个特定的意思——厕所。小人之心由此可见一斑。

虽然剑桥大学的同事们都很不友好，但沃森和克里克的竞争对手威尔金斯和罗莎琳却对他们表示出了极大的善意。1953 年 3 月 12 日，威尔金斯到了剑桥，他看到了沃森和克里克制作的模型，他知道这是正确的。威尔金斯没有提出在沃森和克里克正在创作的 DNA 论文上加上名字的要求，这让他们感到非常高兴。威尔金斯回到伦敦之后，把沃森和克里克的发现告诉了自己认识的所有科学家。原本对沃森和克里克印象不佳的罗莎琳得知他们发现 DNA 结构的时候，也转变了态度。罗莎琳是一个真正的学者，她以前认为沃森和克里克致力于制作模型是为了逃避艰苦的实验，但现在她认识到这是他们的明智之举，以前的偏见自然就消除了。威尔金斯和罗莎琳用 DNA 的 X 线衍射图像对沃森和克里克制作的模型进行验证，结果证明他们的发现完全正确。他们两人为此分别创作了专门的论文。

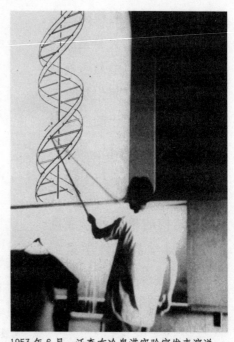

1953 年 6 月，沃森在冷泉港实验室发表演说。

1953 年 4 月，沃森和克里克合作完成了发现"双螺旋"（DNA 分子结构）的论文，并把它提交给著名的科学杂志《自然》。与此同时，威尔金斯和罗莎琳的论文也分别提交给了《自然》杂志。1953 年 4 月 25 日，这 3 篇论文同时刊出，一时震惊了整个世界。同年 6 月，沃森在纽约冷泉港实验室发表演说，首次对 DNA 模型做了报告。1962 年，沃森、克里克和威尔金斯因对 DNA 研究的卓越贡献获得了诺贝尔生理学或医学奖，而罗莎琳因在 1958 年罹患卵巢癌去世，未能获得这一殊荣。

在沃森和克里克发现"双螺旋"的时候，还有一个小问题没有解决，那就是 DNA 的复制问题。有的科学家起初否定双螺旋就是认为它的复制问题很难解决，如打开双螺旋后可能会发生打结的情况。不过在沃森和克里克发表的论文中，就提出了对 DNA 的复制的预测："我们的 DNA 模型实际上是一对模板，每一模板与另一个互补。我们设想：在复制前氢键断开，两条链松开、分离，然后每条链作为形成自己新链的模板，最后我们从原先仅有的一对链得到了两对链，而且准确地复制了碱基序列。"这种预测只有超一流的科学家才能做得出来，不过它还需要实验的验证。

1958 年，科学家梅塞尔森和斯塔尔用实验完成了证明，这个实验后来被称为"生物学上最完美的实验"。梅塞尔森和斯塔尔是 1954 年夏天在马萨诸塞州林洞的海洋生物实验室认识的，由于二人都嗜好美酒，所以很快就结为了好友，并决定搭档进行科学研究。二人的合作取得了很多科研成果，DNA 的复制就是其中之一。

梅塞尔森和斯塔尔在实验中使用了重氮标记与密度离心技术。密度离心技术是通过重量差异来分离分子的，经过离心旋转后，较重的分子会落到接近试管底部处，而较轻的分子则相对较远。氮原子是 DNA 分子的成分之一，它有两种形态：一种较重，另一种较轻。这样梅塞尔森和斯塔尔就可以通过标注 DNA 片段的方法来追踪 DNA 的复制过程。他们首先在含有重氮的培养基里培养大肠杆菌，让重氮进入 DNA 的双链上。然后他们将培养出来的大肠杆菌转移到仅含轻氮的培养基中，确保在下一次 DNA 复制的时候，只会有轻氮。如果按沃森和克里克的预测，DNA 在复制的时候，双螺旋将会分开，然后各复制一段。那么实验制造出来的子代 DNA 分子将会是"混血儿"。一个链带有重氮，这是来自亲代分子的，另一个链则带有轻氮，这是由轻氮培养基制造出来的。结果梅塞尔森和斯塔尔的实验同沃森和克里克的推测完全相符，"理论的威力

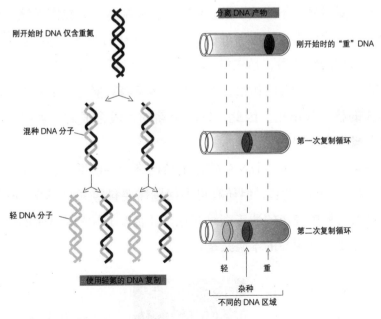

梅塞尔森和斯塔尔用细菌所做的实验

在于预见"这句话得到了充分的验证。

不过 DNA 的复制还是比较复杂的，后世科学家此后又发现了 DNA 复制的很多细节。华盛顿大学教授科恩伯格后来又有新的发现，科恩伯格同梅塞尔森和斯塔尔一样，也用实验证明了 DNA 能够复制，不过他的方法要比梅塞尔森和斯塔尔复杂得多。在实验中，科恩伯格发现了一种称为"DNA 多聚酶"的酶，这些酶连接构成 DNA 的不同小单元，形成了骨干的化学键。

科恩伯格获诺贝尔生理学或医学奖

摄于获得诺贝尔奖的时候，科恩伯格手里拿着双螺旋模型的复制品。

"DNA 多聚酶"的发现是一种重要的科学成果，科恩伯格因此获得了 1959 年诺贝尔生理学或医学奖。此后的 1968 年，日本生化学家冈崎等人又发现 DNA 的复制是"不连续"的。DNA 在复制时，先在模板链上合成一些短的片段，然后再连接成与母链等长而且互补的新链。这些在 DNA 合成过程中形成的短片段，后来被称为"冈崎片段"。每一个冈崎片段的合成都需要 DNA 多聚酶的作用。但 DNA 多聚酶只能把单个的核苷酸连接到已形成的核苷酸链上。因此，每一个新的片段合成时，需要有一个已存在的片段作为"引物"。

在科学家的努力下，DNA 的分子结构终于得以发现。一个新的学科"分子生物学"开始兴起。但还有更多问题需要科学家们解答，薛定谔在《生命是什么？》中提出的遗传密码究竟是什么？DNA 所携带的信息如何转移到蛋白质上？生命的本质又是什么？

第三章
DNA 密码

第一节　RNA 领带俱乐部

在证明了 DNA 是遗传物质和建立双螺旋模型之后，科学家已经解决了"基因是什么"这个问题。那么，接下来要解决的问题就是"基因是如何起作用的"，比如基因是如何使西红柿具有光滑的表皮，基因是如何使猎豹具有闪电一样的速度？

科学家对这一问题的研究开始得很早。19 世纪末，英国医生伽罗德最早开始了这一方面的研究。伽罗德在行医的过程中对一类奇异的疾病产生了浓厚的兴趣，这类疾病的共同特点是患者尿液的颜色与常人不同。在这类疾病中有一种被称为黑尿病，得这种病的患者排出的尿液在接触到空气后会变成黑色，该病因此而得名。黑尿病虽然看起来很恐怖，对人体却没有什么太大损害，只是由于黑色素在人体脊椎堆积，患者晚年会出现类似关节炎的症状。当时医学界普遍认为黑尿病是由肠道细菌制造的物质所导致的，但伽罗德经过研究发现，肠道内没有细菌的新生儿也会染上黑尿病，这表明导致黑尿产生的物质是人体本身制造的。伽罗德进一步研究发现，黑尿病产生的原因在于人体的化学反应在某个地方被阻断了，尿黑酸不能通过正常的途径排泄出体外，使尿液变黑，而阻断发生的原因在于患者缺乏尿黑素氧化酶。

此后，伽罗德又进一步观察到黑尿病的患者在近亲通婚的子女中比较常见，不过由于他不知道孟德尔的遗传学说，所以没法从遗传学的角度来分析这个问题。直到1902年，在孟德尔学说重新被科学界发现后，他才用孟德尔的遗传定律分析自己的发现。如果一对堂兄妹各自从祖父母那里遗传到一个黑尿病基因，则他们结婚生下来的后代有25%的概率得到两个隐性黑尿病基因，并在未来罹患黑尿病。伽罗德综合各方面知识认为黑尿病是一种先天性的代谢错误。基因控制着人体的新陈代谢，而基因的突变则会导致代谢发生错误。伽罗德因此成为第一个在基因与其生理影响之间找出因果关系的人。1908年，伽罗德在伦敦皇家学会主办的克鲁尼安讲座上发表题为《代谢的先天错误》的讲演，公布了自己的发现。1909年，他又就此发表了一系列论文。不过由于当时的科学家未能理解他研究的意义，伽罗德一直默默无闻，直到20世纪40年代时他的发现才为人所知。

20世纪上半叶，基因作用的研究停滞不前，直到1941年才出现了突破，比德尔和塔特姆为此做出了突出的贡献。比德尔出生于美国内布拉斯加州瓦胡市，1922年到内布拉斯加州大学担任凯姆教授的助理，从事小麦杂交的研究工作。当时美国康奈尔大学的遗传学研究在世界上处于领先地位，是植物遗传学研究的中心。为了让比德尔有更好的发展，凯姆教授特地推荐他到康奈尔大学工作。这样比德尔就来到了康奈尔大学，跟随麦克林托克教授进行"决定玉米花粉不育的遗传机制"的研究，这是一个世界性的难题，至今都没有解决。幸而比德尔后来及时离开了，而麦克林托克教授也知难而退，转而研究玉米染色体，后来因发现基因的跳跃性而荣获诺贝尔奖。

1928年，比德尔还在跟随麦克林托克教授种玉米。在工作闲暇的时候，他参加了纽约植物园研究员多吉举办的一个讨论会，多吉在讨论会上说自己用一种真菌——红色面包霉（一种从面包上长出的橘红色霉菌）

做遗传杂交实验，在实验中他观察到一些很有趣的分离现象。比德尔在听讲演时就猜测这种分离现象可能与摩尔根小组成员布里奇斯发现的果蝇异型染色体交换（非同源染色体之间发生的基因交换）有关。虽然在此后的研究中，比德尔未能找到二者的联系，但红色面包霉却在他的脑海中留下了深刻的印象。

　　1931 年，比德尔来到加州理工学院攻读博士后。著名的遗传学家摩尔根当时也在加州理工学院，受摩尔根的影响，比德尔也开始了对果蝇遗传学的研究。1933 年，遗传学家伊弗雷斯获得资助后来到加州理工学院，他同比德尔共同组成了研究小组，致力于果蝇的研究。起初他们研究了果蝇成虫器官的移植对性状发育的影响，并把一只果蝇的眼睛成功地移植到另一只果蝇身上。1935 年，二人共同来到巴黎生物理化研究院继续进行研究，这时他们把研究重点放在了基因是如何影响眼睛的颜色上。他们把一只果蝇眼睛颜色基因发生突变的眼芽移植到另一只眼睛颜色基因发生突变的果蝇胚胎上，结果长成的果蝇眼睛的颜色是野生型的。为什么会出现这样的结果呢？伊弗雷斯和比德尔从基因的角度解释了这个问题。

　　果蝇眼睛之所以能显现出颜色，是因为其中含有一种名为色素的化学物质，色素物质是体内一系列化学反应的结果。伊弗雷斯和比德尔设想至少存在着两步化学反应，其中基因甲控制物质 a 的生成，基因乙控制物质 b 的生成，而 a 是 b 的前体物质，b 又是野生型眼色的前体物。他们的移植是把甲突变而乙完好的果蝇眼芽移植到甲完好而乙突变的果蝇胚胎上，二者刚好镶嵌互补为野生型。如果甲和乙均被破坏（突变），那么果蝇的眼睛就没有色素，表现为白眼。尽管伊弗雷斯和比德尔可以通过基因来合理解释这一问题，但由于果蝇体内的化学反应过于复杂，他们对自己的解释把握不大，因此没有提出基因作用的假说。此后，比德尔开始思考果蝇是否是合适的实验材料的问题。

　　1937 年，比德尔来到斯坦福大学，遇到了微生物学家塔特姆。塔特姆毕业于威斯康星大学，在细菌研究上造诣颇深。比德尔与塔特姆一见如故，塔特姆立即邀请比德尔加入研究团队。比德尔吸取了上次的教训，转而和塔特姆一起研究红色面包霉。他们首先用 X 线照射红色面包霉，造成突变，然后找出突变对霉菌的影响。培养基中只含有红色面包霉生存和生长所必需的最低限度的营养成分，靠这些营养成分，红色面包霉可以利用培养基里比较简单的分子，以生化方式合成生存所需的较大的分子。比德尔与塔特姆认为，破坏某一合成路径的突变，会使经过 X 线照射的霉菌在基本培养基中无法生长。但是如果给其提供完整的培养基，其中包含其生存所需的全部分子，则其就可以继续生长。换句话说，即使红色面包霉本身不能合成某种重要的营养成分，但由于能够从培养基中取得这种养分，它还是能够正常生长的。

比德尔和塔特姆共照射了 5000 个样本，一个一个验证它们能否在培养基中存活，实验是漫长和艰苦的。第一个能够存活，第二个也能够存活，一直试到第 299 个，才找到了不能在基本培养基中存活的菌株，此后他们又找到了多个。正如预料的那样，299 号菌株可以在完整的培养基生存。找到菌株之后，下一步就是要分析这种突变中丧失的究竟是哪种能力。他们首先在基本培养基中加入了氨基酸，但 299 号菌株仍无法生存。此后，他们又在培养基中加入了大量维生素，这样 299 号菌株就可以生长了。接着，他们又缩小范围，一次只添加一种维生素，在加入维生素 B_6 的时候，299 号菌株又可以在培养基中生存了。可见，X 线在照射 299 号菌株时造成的突变，中断了维生素 B_6 的合成路径。比德尔和塔特姆知道生化合成过程都是由蛋白质酶控制的，它们会催化合成路径中个别的化学反应。因此他们认为是突变破坏了特定的酶，导致特定的生化合成中断。突变是发生在基因上的，那么酶肯定是基因制造的。1941 年，比德尔和塔特姆正式发表了自己的研究成果，他们的研究成果可以归结为一句话，就是"一个基因，一个酶"。

由于当时认为酶都是蛋白质，在发现酶和基因的关系后，人们开始进一步思考基因和蛋白质之间的关系。鲍林和他的学生板野最早开始了这方面的研究，他们的研究对象是血红素。血红素是红细胞中的一种蛋

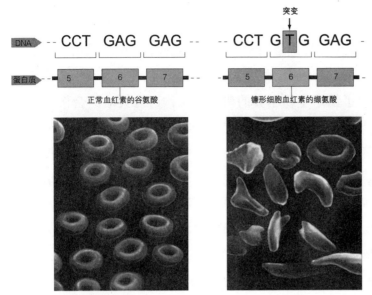

人类血红素突变

人类 β 血红素基因上的 DNA 序列里有一个碱基发生了变化，造成进入蛋白质链的是缬氨酸，而非谷氨酸。这个差异造成镰形细胞贫血症，红细胞扭曲成独特的镰刀状。

白质，负责将氧气从肺部输送到人体的需氧组织。鲍林和板野将正常人的血红素和镰形细胞症患者的血红素进行了比较。镰形细胞症又称镰形细胞贫血症，此病患者红细胞往往会变形，在显微镜下呈镰刀状，这会造成血管堵塞，严重时可以致命。鲍林和板野在比较两种血红素后发现，这两种血红素的区别在于电荷的不同。鲍林和板野认为镰形细胞症是血红素基因突变引起的，这种突变改变了血红素的化学组成。

1956 年，卡文迪什实验室研究员英格拉姆在研究血红素的时候有了进一步的发现，他采用了最新的识别蛋白质组合键中特定氨基酸的技术，发现了正常蛋白质和病变蛋白质的区别在于一个氨基酸。英格拉姆发现，在正常蛋白质链上第 6 个位置的谷氨酸，在镰形细胞血红素中被缬氨酸取代，这证明了基因突变可以导致蛋白质氨基酸序列的变化，说明 DNA 决定着蛋白质。蛋白质是生命中最主要的成分，它可以形成催化生化反应的酶，提供生命的主要构成要素。DNA 之所以能控制生命，就是透过蛋白质。但 DNA 上的信息是如何转移到蛋白质上的呢？DNA 在细胞核中，如果蛋白质是在细胞核中合成的，问题就简单了，但是科学家汉墨林和布拉舍早在 20 世纪 40 年代就已经发现伞藻和海胆卵细胞在除去细胞核之后，仍然能进行一段时间的蛋白质合成，这说明细胞质也能合成蛋白质。20 世纪 50 年代，科学家分别用小白鼠和大肠杆菌为实验材料证明了细胞质中的核糖体是形成蛋白质的场所。这样，DNA 就需要通过一个"信使"把遗传信息传递到细胞质上，那么这个信使又是什么呢?

这个问题吸引了整个生物学界的诸多精英，这些天才的合作最终导致了问题的解决。这首先要从一个人讲起，他叫伽莫夫。伽莫夫 1904 年出生于俄国敖德萨（今属乌克兰），1928 年，获列宁格勒大学（今彼得堡大学）博士学位。之后先后在德国哥廷根大学、丹麦哥本哈根大学理论物理研究所及英国剑桥大学卡文迪什实验室等处工作，1931 年，返回苏联担任列宁格勒大学教授。1934 年，他因对斯大林不满移居美国，任华盛顿大学教授。伽莫夫是一名知名的物理学家，提出过 α 衰变等重要理论。1948 年，伽莫夫和他的研究生阿尔法共同写了一篇关于"大爆炸理论"的论文，论文的署名本该是伽莫夫和阿尔法，但生性爱开玩笑的他却决定把他朋友贝特的名字加上去，他将论文署名为阿尔法、贝特、伽莫夫，这正好同希腊字母 α、β、γ 的发音类似。论文在 1948 年 4 月 1 日愚人节发表，后来这篇论文被物理学界称为 αβγ 论文。

1953 年，沃森和克里克发现"双螺旋"之后，伽莫夫给沃森和克里克写了一封信。他在信中说自己在英格拉姆证明 DNA 的碱基序列和蛋白质的氨基酸序列之间存在关联的时候，他对 DNA 和蛋白质产生了浓厚兴趣，他认为生物学将会成为一门精密的科学。他甚至大胆推测未来所有生物的遗传密码都能用 1、2、3、4 这 4 个数字表示，分别代表 4 种碱基。这种类型的信沃森和克里克在成名后收到太多了，他们对伽莫夫的信只是一笑置之，并未在意。不过几个月后，克里克在纽约意外遇到了伽莫夫，在交谈之后克里克被伽莫夫的才华所折服，便力邀伽莫夫与他们共同进行遗传学的研究。

沃森和克里克这时的研究方向已经转移到 RNA 上了。科学界很早就已经注意到了 DNA、RNA 和蛋白质的关系，因为制造众多蛋白质的细胞通常都富含 RNA。沃森在发现双螺旋之前，就认为染色体 DNA 上的信息可能用于制造 RNA 链，而 RNA 链又是蛋白质氨基酸顺序的模

RNA 领带俱乐部

1955 年的 RNA 领带俱乐部聚会，左起为克里克、里奇、奥吉尔、沃森。

版。1957 年 9 月，克里克向实验生物学会递交了一份名为《论蛋白质合成》的论文，发表在该会论文集第 12 卷第 138 页上。在论文中，克里克提出遗传信息的传递途径是"DNA → R-NA →蛋白质"，这被称为"中心法则"。1959 年，RNA 聚合酶的发现证实了克里克的论断，因为在几乎所有的细胞中，RNA 聚合酶都能催化由 DNA 模板制造单链 RNA 的过程。

　　要解开 DNA 与蛋白质的关系，关键在于 RNA。为了研究 RNA，沃森和伽莫夫创立了"RNA 领带俱乐部"，因为蛋白质有 20 种氨基酸，所以将"RNA 领带俱乐部"人数限制在 20 人，每一个人研究一种氨基酸。伽莫夫专门为俱乐部设计了领带，并委托工厂制作了特定的氨基酸领带夹，每个领带夹都带有特定的氨基酸的字母缩写。由于当时从事分子遗传学研究的人员很少，所以尽管"RNA 领带俱乐部"只有 20 个人，但还是包括了分子遗传学界的绝大部分精英，组成人员都是沃森、伽莫夫、克里克从各地拉过来的，其中不仅包括生物学家，还包括很多物理学家，如伽莫夫引介了物理学家泰勒，沃森引介了加州理工学院教授费曼，至于他们研究的氨基酸则是随机分配的。

　　"RNA 领带俱乐部"的 20 名成员分别是：

1．丙氨酸 (ALA) － 伽莫夫 (G.Gamow)　　2．精氨酸 (ARG) － 里奇 (A.Rich)

3．天冬氨酸 (ASP) － 多蒂 (P.Doty)　　4．天冬酰胺 (ASN) － 莱德利 (R.Ledley)

5.半胱氨酸(CYS) - 伊凯思(M.Ycas)　　6.谷氨酸(GLU) - 威廉姆斯(R.Williams)

7.谷氨酰胺(GLN) - 道恩斯(A.Dounce)　8.甘氨酸(GLY) - 费曼(R.Feynman)

9.组氨酸(HIS) - 卡尔文(M.Calvin)　　10.异亮氨酸(ISO) - 西蒙斯(N.Simons)

11.亮氨酸(LEU) - 泰勒(E.Teller)　　12.赖氨酸(LYS) - 查哥夫(E.Chargaff)

13.甲硫氨酸(MET) - 耐特皮里斯(N.Netropolis)　14.苯丙氨酸(PHE) - 斯坦特(G.Stent)

15.脯氨酸(PRO) - 沃森(J.Watson)　　16.丝氨酸(SER) - 高登(H.Gordon)

17.苏氨酸(THR) - 奥吉尔 (L.Orgel)　18.色氨酸(TRY) - 德尔布鲁克(M.Delbruck)

19.酪氨酸(TYR) - 克里克 (F.Crick)　20.缬氨酸(VAL) - 布伦纳(S.Brenner)

　　"RNA领带俱乐部"的格言是:"Do or die,or don□t try."意为:"不成功便成仁,不然干脆不要做。"显然这20位学界精英是不达目的,誓不回头的。不过科学研究可不是想怎么样,就会怎么样的。挫折和失败始终伴随着"RNA领带俱乐部"。

　　伽莫夫首先遭到了挫折。他在分配氨基酸的时候分到的是丙氨酸(ALA),他对此感到很满意,几乎整天都带着配有ALA领带夹的领带。当时,领带夹上的字母通常都是姓名的缩写,而伽莫夫也故意以此迷惑别人,但是有一次他却"自食恶果"。当时他在旅馆住店,旅馆收银员拒收他的支票,因为他支票上的名字与领带夹上的缩写完全不同。虽然伽莫夫在生活方面的智慧略微欠缺了一些,他在科学上却是向来都不缺乏智慧的。早在1954年他第一

伽莫夫在实验室里

次同沃森见面的时候，他就提出了 DNA 与蛋白质关系的理论。可他对丙氨酸的研究却一无所获。

沃森也不例外，他和负责精氨酸的里奇共同在加州理工学院从事研究，希望能从 X 线衍射图中发现 RNA 的结果，但是最后他们却绝望地发现，RNA 与 DNA 不同，它没有规则的晶体结果，用 X 线衍射法根本无法找出 RNA 的结构。

随着研究的进展，曙光也开始出现了。1955 年，克里克在发给"RNA 领带俱乐部"成员的一封信中指出，氨基酸是由转运分子带往合成蛋白质的实际位置的，每种氨基酸都有特定的转运分子，他认为这种转运分子就是小的 RNA 分子。1957 年，克里克的发现被麻省总医院的医生保罗·查美尼克证实。查美尼克长期致力于对细胞的研究。在研究中他认识到，细胞是高度区格化的物体，如果要想深入了解细胞内部的情况，就必须清除细胞内部多种薄膜所形成的复杂组织。于是查美尼克和同事使用取自小白鼠肝脏组织的物质，在试管里重建了简化后的细胞环境，并利用放射线标记的办法来追踪合成蛋白质的氨基酸，最后发现核糖体是蛋白质的合成地点。在同事霍格兰的协助下，查美尼克发现，氨基酸在多肽键之前，是同较小的 RNA 分子结合在一起的。这意味着什么呢？查美尼克一时感到非常困惑，后来他听沃森说了克里克的关于 RNA 的想法后才恍然大悟，在接下来的实验中他证明了每个氨基酸都有特定的 RNA 转运分子，称为转运 RNA（简称 tRNA）。每一个转运 RNA 的表面都有特定的碱基序列，能连接至对应的 RNA 模板片段，从而在氨基酸形成时，依序排列氨基酸。

此后，科学家又发现了核糖体 RNA（简称 rRNA），核糖体 RNA 是 RNA 中最主要的形式，它有两条主链。科学家起初认为核糖体 RNA 是合成蛋白质的模板。但科学家随后发现，核糖体 RNA 两条主链的长度是固定的，如果它是合成蛋白质的模板，那么这两条主链的长度应该随着合成蛋白质尺度的大小而异，而不会固定。其次，科学家还发现核糖体 RNA 的两条主链的新陈代谢十分稳定，合成之后就很难分解。但当时巴黎巴斯德研究院已经通过实验证实，许多细菌的蛋白质合成模板都非常短命。除了上述发现外，科学家还发现核糖体 RNA 双链的碱基顺序同染色体 DNA 分子的碱基顺序关联不大。这些都证明核糖体 RNA 不是合成蛋白质的模板。那么，蛋白质合成的模板又是什么呢？

1960 年，信使 RNA(简称 mRNA) 的发现解决了这个问题，信使 RNA 是巴黎巴斯德研究院的研究人员莫诺和雅各布首先提出的。沃森在哈佛实验室、布伦纳在剑桥实验室的实验都证明了信使 RNA 正是蛋白质合成的模板。

至此 DNA、RNA 和蛋白质的关系就已经清楚了。不过还有一个问题没有解决，碱基只有 4 个，而氨基酸有 20 个，那碱基顺序是如何决定氨基酸顺序的呢？如果想知道 DNA 与蛋白质以及信使 RNA 与蛋白质的关系，就必须找出碱基与氨基酸的对应关系。后来，科学家发现了碱基与氨基酸对应的密码表，这被称为"遗传密码"，又被称为"DNA 密码"。

第二节　DNA 密码

最早关注 DNA 密码问题的是伽莫夫，伽莫夫认为每个碱基对的表面都有一个空洞，而这个空洞的形状正好跟氨基酸表面上一部分的形状相符，因此 3 个碱基可以指定 1 个氨基酸。他就此提出了"三联体"的学说，即 3 个碱基编码 1 个氨基酸。不过他没有考虑碱基的组合问题，因此是不全面的。此后更多的科学家进行了进一步的思考。

1956 年，在"RNA 领带俱乐部"的一份文件中，布伦纳就此提出了一些理论问题。在只有 4 个 DNA 字母（A，T，G，C）的情况下，DNA 密码如何能指定 20 个氨基酸中的哪一个接到某点上来组成蛋白质链呢？1 个核苷酸，因为只有 4 种变换身份的可能性，显然是不够的。2 个核苷酸也只有 16 种可能性，也是不够的。所以至少要 3 个核苷酸一组，形成三联体。但 3 个核苷酸有 64 种排列的方式（4×4×4），而氨基酸只有 20 个，这会造成重复，但也意味着大多数的氨基酸可以由一个以上的三联体来编码。4个核苷酸组成的4联体原则上也应该使用，但它有256种（4×4×4×4）排列方式，因此重复的情况会更多。

综合各种可能，三联体是一种比较恰当的DNA编码方式。解决了三联体的问题之后，还有一个问题就是阅读方式。密码有两种阅读方式，一种是依次阅读的方式，另一种是重复阅读的方式。不同的阅读方式对碱基影响很大，即使是同一个碱基，如果采用不同的阅读方式，那么含义也会截然不同。

除了阅读方式外，遗传"密码子"之间有没有分隔符也是一个问题。那么，DNA密码到底是不是三联体，阅读方式是哪种，有没有分隔符呢？对这些问题单靠理论推导显然不够，只有进行实验才能够解决。为了解答这些问题，1961年，克里克和布伦纳在剑桥大学卡文迪什实验室做了大量实验。他们使用化学诱变剂来删除或插入DNA碱基对，发现在相关碱基序列中增加或删除1个碱基，无法产生正常的蛋白质，如果增加或删除2个碱基，也无法产生正常的蛋白质。但增加或删除3个碱基，却可以生产出正常的蛋白质。这是为什么呢？

对于这个问题可以用一种比较形象的办法来解释。假设有一个用英文写成的句子（句子中的每个单词都由3个字母组成）：JIM ATE THE FAT CAT（吉姆吃掉肥猫），如果把里面的第一个T去掉，还要保持3个字母的结构，那么就它变成了：JIM AET HEF ATC AT，这样被删除的第一个T以后的词就没有意义了。如果插入或删除2个字母呢？比如删除第一个T和E，在保持3个字母结构的情况下就变成了：JIM ATH EFA TCA T，句子更加混乱了。但插入或删除3个字母呢？比如删除A、T、E，在保持3个字母结构的情况下，就成了：JIM THE FAT CAT，尽管这个句子是不完整的，但句子中的单词至少还有意义。如果删除第一个T和E，还有第二个T，就变成了：JIM AHE FAT CAT，绝大部分单词也是有意义的。DNA的序列也是一样的，插入或删除1个碱基会对蛋白质造成灾难性的影响，因为这会使插入或删除点以外的每一个氨基酸都发生变化。插入或删除2个碱基也是这样。但如果插入或删除 3 个碱基，就不会造成很大的损害，这样或许会加入或消除一个氨基酸，但不会阻断整个蛋白质的合成过程。

一天深夜，克里克与同事巴奈特到实验室查看三联体实验的最终结果，当发现实验证明 DNA 密码是三联体时，他兴奋异常，对巴奈特说："现在全世界只有你我知道，它是三联体编码。"克里克的实验不仅证明了 3 个碱基编码一个氨基酸，还证明了 DNA 密码是从一个固定起点开始，以非重叠的方式阅读的，并没有分隔符。

虽然克里克证明了 DNA 密码是由 3 个"字母"写成（这个三联体被称为密码子），但这显然还不够，因为科学家还并不知道是哪 3 个碱基决定哪个蛋白质。发现三联体只是第一步，更重要的是破译 DNA 密码。

就在克里克实验完成的这一年，尼伦伯格和马太破译了第一个遗传密码。尼伦伯格 1927 年 4 月 10 日出生于美国纽约，12 岁时随家迁居到佛罗里达的奥兰多。1948 年获佛罗里达大学动物学系理学学士学位，1952 年获理学硕士学位。1957 年，作为美国癌症学会研究员在马里兰州贝塞斯达的美国国家卫生研究院从事博士后研究。1960 年成为美国国家卫生研究院酶代谢研究部的生化研究员。

1960 年信使 RNA 发现之后，尼伦伯格开始思考如果用无细胞系统来合成蛋白质，那么在试管内合成的 RNA 和自然产生的信使 RNA 会不会相同呢？为了找出结果，他开始从事这方面的实验。首先，他用大肠杆菌制备无细胞系统。具体方法是在氧化铝缓冲溶液中研磨大肠杆菌菌体，然后离心除去细胞壁和细胞膜碎片，留下来的液体部分即是无细胞系统。无细胞系统经过保温之后，即可以停止蛋白质的合成。之后如再向溶液中加入外源信使 RNA 和混合的各种氨基酸并补充能量，经过保温后即有新的蛋白质合成。新合成蛋白质的氨基酸序列应当对应于所加外源性信使 RNA 中核苷酸的排列顺序，也就是说对应于 DNA 密码。虽然尼伦伯格在实验中将蛋白质中的全部 20 种氨基酸都加入其中，但他轮流地将一种氨基酸用 C-14 同位素标记。在合成反应后，用三氯乙酸将蛋白质沉淀，并转移至滤纸片上，测定纸片上放射性的有无或强度，这样即可知是哪一种氨基酸掺入蛋白质，它和加入的外源信使 RNA 模板有怎样的关系。

在实验中尼伦伯格使用的 RNA 采用了法国化学家葛伦伯·美那格在 1954 年发明的方法来制造。葛伦伯·美那格当时发现了一种能够制造 AAAAAA 或 GGGGGG 等氨基酸串的 RNA 酶。由于 RNA 和 DNA 之间的主要化学差异在于 RNA 有尿嘧啶(U)，而没有 DNA 的胸腺嘧啶 (T)，所以这种酶也能制造出聚尿嘧啶(UUUUUU)。

1961 年 5 月 22 日，尼伦伯格和同事马太将聚尿嘧啶键入无细胞系统中，结果发现核糖体开始产生一种蛋白质，这种蛋白质全部由一种氨基酸——苯丙氨酸组成，从实验中可以发现聚尿嘧啶是由替苯丙氨酸编码的。所以，在指定苯丙氨酸的三联体密码子中，必有一个"UUU"。

1961 年 8 月，国际生物化学代表大会在莫斯科召开，全世界分子生物学界的顶尖人物全部与会。尼伦伯格也应邀参加了此次大会，他决定在大会上公布自己的发现。由于与会的科学家没人注意他这个默默无闻的无名小卒，在他讲演的时候，听者寥寥，当时在座的著名生物学家只有梅塞尔森。梅塞尔森在多年之后回忆说："我从未听说过这个人，莫斯科会议举行的时候他在一个小房间内做报告。整个房间里除了我之外没人了解他报告的意义，在他作完报告后，我立即跑过去热烈拥抱他向他表示祝贺，我紧握着他的手对他说：你应该到大厅去讲。"接着，梅塞尔森就向克里克说明了尼伦伯格的发现，克里克听说他的讲演内容后，马上就设法安排尼伦伯格在最后一天的会议上向全世界的生物、化学精英们发表自己的研究成果。于是，在最后一天的大会上，尼伦伯格，一个默默无闻的年轻人，就在无数分子生物学前辈的面前侃侃而谈，讲述了自己是如何发现人类第一个遗传密码子的。

尼伦伯格的发现在学术界引起了极大的震动，同时也掀起了一股寻找其余 63 个密码子的热潮。不过这并不是一件容易的事情，UUU（聚尿嘧啶）是比较单纯的，很简单，也比较容易制造，但 GAU 呢，这就比较困难了。但这并没有难住科学家，在这场寻找密码子的竞赛中，人类的聪明智慧得到了淋漓尽致的发挥。尼伦伯格再次发挥了重要的作用，美国威斯康星州大学教授霍拉纳也对此做出了重要贡献。

发现第一个 DNA 密码后，尼伦伯格升任为美国国家卫生研究院遗传学部主任，他专门组成了破译 DNA 密码的研究小组，开始理论攻关。为了弄清不同核苷酸组成的三联体密码子中核苷酸的顺序，尼伦伯格巧妙地设计了一些实验。他采用最新的核糖体结合法在无细胞体系中进行实验。他将人工合成的二核苷酸或三核苷酸加入溶液中，结果发现三核苷酸已具有人工信使（即信使 RNA）的作用，而二核苷酸则无此作用。在无细胞系统中，人工合成的三核苷酸可以促进一种特定的转运 RNA 携带专一的氨基酸结合到核糖体上，生成"氨基酰—转运 RNA—核糖体"结合物。这种结合物不能通过硝酸纤维滤膜，而其他未被核糖体结合的"氨基酰—转运 RNA"则能通过滤膜。如果用带放射性标记氨基酸进行的反应，测定滤膜上的放射性强度，便可知道某种人工合成的三联体密码与某种氨基酸之间的关系。例如，用人工合成的 UUG 这一"微型信使 RNA"，只能促进亮氨酸转运 RNA 与核糖体结合，从而知道 UUG 是亮氨酸的密码子；用人工合成的 UGU 实验，只促进半胱氨酸 tRNA 与核糖体结合，从而知道 UGU 是半胱氨酸的密码子。用这样的方法，尼伦伯格的小组在 1964 年合成了全部 64 种单个的顺序固定的三联体密码，最终确定了 20 种氨基酸的 50 多种密码子。

在尼伦伯格研究小组取得重大进展的同时，美国科学家霍拉纳也在威斯康星大学积极进行遗传密码的破译工作。他采用的办法同尼伦伯格的有所不同，他先合成各种二、三或四核苷酸，然后把同一种核苷酸缩合成周期性的较长的多核苷酸，再进行细胞外蛋白质合成实验。例如，将 AC 二核苷酸缩合为 ACACACACAC……长链，以它做人工信使进行蛋白质合成，结果发现产物是组氨酸和苏氨酸的多聚体，说明组氨酸的密码子可能是 CAC，也可能是 ACA；同理，苏氨酸的密码子可能是 ACA，也可能是 CAC。之后将这一组实验结果与另一组实验如（CAA）n 的结果进行比较。在（CAA）n 即 CAACAACAACAA……为人工信使时，蛋白质合成产物为谷氨酰胺、天冬酰胺和苏氨酸的多聚体。三者的密码子都可能是 CAA、AAC、ACA。将两组实验加以比较，自然可以发现 ACA 是苏氨酸的密码子，而 CAC 就必定是组氨酸的密码子了。运用自己独特的方法，霍拉纳也发现了多个 DNA 密码。

不过无论是尼伦伯格还是霍拉纳的实验中，都发现有3种三联体(UAA、UAG、UGA) 不代表任何氨基酸密码，它们被称为"终止密码子"。

遗传密码

氨基酸	RNA 密码子
丙氨酸（ALANINE）	GCA GCC GCG GCU
精氨酸（ARGININE）	AGA AGG CGA CGC CGG CGU
天冬酰胺（ASPARAGINE）	AAC AAU
天冬氨酸（ASPARTIC ACID）	GAC GAU
半胱氨酸（CYSTEINE）	UGC UGU
谷氨酸（GLUTAMIC ACID）	GAA GAG
谷氨酰胺（GLUTAMINE）	CAA CAG
甘氨酸（GLYCINE）	GGA GGC GGG GGU
组氨酸（HISTIDINE）	CAC CAU
异亮氨酸（ISOLEUCINE）	AUA AUC AUU
亮氨酸（LEUCINE）	UUA UUG CUA CUC CUG CUU
赖氨酸（LYSINE）	AAA AAG
甲硫氨酸（METHIONINE）	AUG
苯丙氨酸（PHENYLALANINE）	UUC UUU
脯氨酸（PROLINE）	CCA CCC CCG CCU
丝氨酸（SERINE）	AGC AGU UCA UCC UCG UCU
苏氨酸（THREONINE）	ACA ACC ACG ACU
色氨酸（TRYPTOPHAN）	UGG
酪氨酸（TYROSINE）	UAC UAU
缬氨酸（VALINE）	GUA GUC GUG GUU
终止密码子	UAA UAG UGA

通过尼伦伯格、霍拉纳等人的实验,遗传密码于 1966 年全部阐明 (见下表)。在全部 64 个密码子中,除了"终止密码子"外,其他 61 种密码子共编码 20 种氨基酸。尼伦伯格和霍拉纳因对 DNA 密码研究的贡献共同荣获了 1968 年诺贝尔生理学或医学奖。

现在让我们以血红素为例,详细说明一下蛋白质的制造过程。当要制造血红素的时候,骨髓中的 DNA 相关片断 (即血红素基因),会像 DNA 复制时一样打开双链 (只复制一股),双链中的碱基也得以暴露。细胞中游离的核糖核苷酸随机地与 DNA 上的碱基碰撞,当核糖核苷酸与碱基得以互补时,两者以氢键结合。在 RNA 聚合酶的作用下,依次连接,形成一个信使 RNA 分子。信使 RNA 分子的形成过程被称为转录。信使 RNA 在形成之后,会通过细胞核的孔来到本身由 RNA 和蛋白质组成的核糖体中,游离在核糖体中的氨基酸就以信使 RNA 分子为模板合成具有一定氨基酸顺序的蛋白质,这个过程被称为"转译"。氨基酸是附在转运 RNA 上的,由转运 RNA 携带至核糖体。转运 RNA 的一端是一个固定的三联体 CAA,它可以找到信使 RNA 上与它相对应的三联体 GUU,转运 RNA 的另一端则是它所携带的氨基酸。不过蛋白质并不都是链状的。氨基酸链制造完成后,蛋白质通过自身折叠,或在辅助分子的帮助下,会变成各式各样的形状。蛋白质也只有这样才能发挥活跃的生物作用。比如血红素,它必须有 4 条链才能发挥作用。其中 2 条链形状一样,另外 2 条链形状则稍有不同。

1966 年,DNA 密码大会在冷泉港实验室召开,全球生物学界的精英济济一堂。克里克在开幕式上做了《昨天、今天和明天》的报告,阐明了 DNA 密码发现的重要意义。会议共举行了一周时间,气氛非常活跃,几乎每个科学家都为分子生物学能有如此重大的进展而感到高兴。不过这种大功告成的气氛并不是一件好事,因为它导致这个领域的很多顶尖的科学家离开了基因研究,转入了其他领域,因为他们认为在这个领域已经没有什么好的发现了。如克里克转入了神经生物学,开始研究人类的大脑,他希望找出意识的真谛,这耗费了克里克整个后半生的时间。

2004 年 7 月 28 日，克里克在美国加利福尼亚州圣迭戈市的一家医院内去世，享年 88 岁。全世界生物学界的同仁们对此都表示了沉痛的哀悼。沃森在发表的声明中说："我将永远缅怀弗朗西斯（克里克的名），记住他高人一筹、专注于一点的智慧，记住他对我的友善和对我树立信心的帮助。"布伦纳转而研究线虫，希望通过研究这个小生物，揭示基因与发育的关系。2002 年，布伦纳因在线虫研究中所取得的杰出成就获得了诺贝尔生理学或医学奖。

但沃森和更多的科学家仍留在基因研究领域。

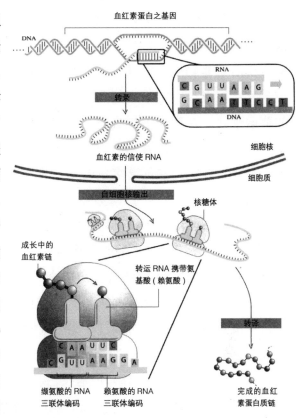

从 DNA 到蛋白质

　　DNA 在细胞核内转录至信使 RNA，然后 RNA 输出至细胞质里，转译为蛋白质。转译发生在核糖体内，与信使 RNA 各个碱基对三联体密码子互补地转移 RNA，把氨基酸带到核糖体，这些氨基酸会结合成蛋白质链。

因为还有许多的问题需要解决，还有太多的谜需要解开。比如为什么有些蛋白质特别多？为什么有的基因只在特定的细胞或特定的时间里才开启或关闭。例如人的发育，显然人的发育是一个基因不断开启和关闭的过程。比如牙齿的发育就是一个很有代表性的例子。在人出生后，牙齿就开始发育，这说明控制牙齿发育的基因打开了。在发育好后，很长时间内都不会有变化，显然这期间发生了基因关闭的现象，否则牙齿就会一直发育，那么基因的开启和关闭又是由什么决定的呢？

在基因开启和关闭的研究问题上，法国巴黎巴斯德研究院的研究人员莫诺和雅各布首先取得了突破。莫诺 1910 年出生于法国巴黎，1931 年获巴黎大学理学学士学位，24 岁时当上了巴黎大学助理教授。1936 年，莫诺获洛克菲勒奖金资助，到加州理工学院学习，在这里他师从著名遗传学家摩尔根，跟随他在加州理工学院研究果蝇。不过对自幼热爱音乐的莫诺来说，在充满了烂香蕉气味的实验室里观察果蝇显然不如在富丽堂皇的音乐厅里指挥音乐有意思。为此他一度放弃了生物学的研究，转向了音乐，并成为法国著名的音乐指挥家，家乡的大学甚至邀请他去教授音乐欣赏课程。但做了一段时间音乐家后，他又想成为一名生物学家，并在 1940 年取得了法国索邦大学生物学博士学位。不过这时世界局势的发展已经"放不下一张平静的实验桌了"。

1940 年，德军入侵法国，法国沦陷。不甘心做亡国奴的莫诺加入了法国地下军，成为一名情报人员。他曾经把情报装在长颈鹿标本的骨头里，运用生物学知识成功骗过了德国盖世太保。在第二次世界大战后期，他先后递送了多份情报，为法国的解放做出了重要贡献，战争结束后莫诺被授予了铜星勋章。此后，他退役，到巴黎巴斯德研究院干起了老本行。

同莫诺一样，雅各布在第二次世界大战爆发后也义无反顾地参加了反抗德国法西斯的战争。他在法国沦陷后逃离了祖国，前往英国参加了戴高乐将军领导的"自由法国运动"。1944 年，280 万盟军在艾森豪威尔将军的指挥下横渡大西洋，进行了人类战争史上规模最大的两栖登陆战役——诺曼底战役。雅各布参加了这次战役，在战斗中他身负重伤，手术中仅弹片就取出了 20 余块，还有 80 块弹片留在他体内。由于手臂在战争中受伤，他无法实现成为一名外科医生的理想，此后，他转而从事生物学的研究。经过多次失败后，他最终于 1950 年申请到了巴斯德研究院的工作。他面试的经历颇为奇特。面试的时候，巴斯德研究院的负责人劳夫并未多问雅各布的个人情况，也未让他做多少自我介绍，反而自己大谈起噬菌体来了，并说巴斯德研究院已在噬菌体研究中做出了突出贡献。经过一番有关噬菌体的高谈阔论后，劳夫问雅各布对研究噬菌体有没有兴趣。尽管雅各布那时根本不知道什么是噬菌体，不过他还是表示这正是自己

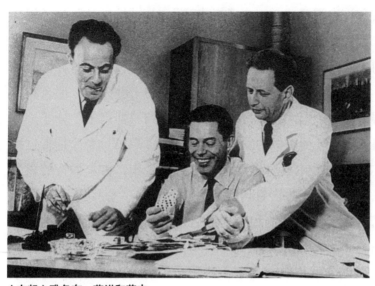

（左起）雅各布、莫诺和劳夫

想要从事的研究。听了雅各布的话，劳夫说："那你就在 9 月 1 日过来吧。"

虽然雅各布对自己的研究对象一无所知，不过由于他具有超强的学习能力，他很快就成了一个噬菌体的专家。雅各布和莫诺紧密配合，最后取得了惊人的成就。他们的研究对象是大肠杆菌，大肠杆菌具有消化乳糖的能力，而大肠杆菌要消化乳糖就必须制造出一种名为"β－半乳糖苷酶"的酶。"β－半乳糖苷酶"可以将乳糖分解为半乳糖和葡萄糖，以便大肠杆菌吸收。莫诺和雅各布在研究中发现，在没有乳糖的培养基中，大肠杆菌不会制造"β－半乳糖苷酶"，但在培养基中加入乳糖后，大肠杆菌就会开始制造"β－半乳糖苷酶"。这说明乳糖会诱导大肠杆菌制造"β－半乳糖苷酶"，这其中的原因是什么呢？

经过实验，莫诺和雅各布认为有一种名为"抑制子"的分子在大肠杆菌缺乏乳糖的情况下，会阻止"β－半乳糖苷酶"基因的转录。而在乳糖存在的情况下，这种"抑制子"分子会同乳糖结合，从而无法阻止"β－半乳糖苷酶"基因的转录。不过这只是莫诺和雅各布研究大肠杆菌的变种后通过逻辑推导出来的，他们并未找到"抑制子"分子存在的直接证据。

直到 20 世纪 60 年代末期，哈佛大学教授吉尔伯特、希尔和普塔什尼才找到"抑制子"分子存在的确凿证据。吉尔伯特和希尔分析"抑制子"分子的原理后认为，当不需要"β－半乳糖苷酶"时，"抑制子"分子会同 DNA 结合，当需要"β－半乳糖苷酶"时，"抑制子"分子就会同 DNA 分离。这说明存在一种诱导性的因子，它可以同"抑制子"分子结合，使"抑制子"分子松开它在 DNA 上的"钩子"，这种诱导性因子应该不是乳糖本身而应该是乳糖经过变化后形成的一种分子。那么利用一种与这种诱导性因子功能相近的分子就能捕捉到"抑制子"分子。他们采用的诱导因子是与乳糖类似的发射性标记分子 ITPG，整个捕捉过程十分艰难，吉尔伯特和希尔没日没夜地在实验室工作，吉尔伯特的孩子知道爸爸在寻找一种东西，每次看到爸爸都大声问他："您找到了吗?"经过 9 个月的艰苦努力，吉尔伯特和希尔最后终于找到了大肠杆菌的"抑制子"分子。

普塔什尼教授的实验室就在吉尔伯特和希尔的实验室楼上。与竞争对手相比，他采用的办法非常简单。当时的科学研究已经证明，"抑制子"分子是普遍存在的，所以他没有使用大肠杆菌做实验材料，而是使用了 λ 噬菌体。他设计了一个系统，经过这个系统照射的细胞只能生产 λ 噬菌体的"抑制子"分子。普塔什尼认为即使细胞制造的 λ 噬菌体的"抑制子"分子非常少，也能用同位素标记技术将其标记，这样就可以找到 λ 噬菌体的"抑制子"分子。结果普塔什尼也成功了。

经过研究发现，大肠杆菌的"抑制子"分子和 λ 噬菌体的"抑制子"分子都是蛋白质。"抑制子"分子作用的过程是这样的：如在大肠杆菌中，当缺乏乳糖的时候，"β－半乳糖苷酶"的"抑制子"分子会同大肠杆菌的 DNA 结合（位置在"β－半乳糖苷酶"基因转录起始位置附近），这使根据"β－半乳糖苷酶"基因制造信使 RNA 的酶无法发挥作用。而加入乳糖后，乳糖会与"抑制子"分子结合，这样它就不能占据阻碍"β－半乳糖苷酶"基因转录的位置了，转录因此得以顺利进行。

在发现"抑制子"分子后，科学家对 DNA 和蛋白质之间的关系的了解就更全面了。一方面，DNA 决定着蛋白质，它的碱基序列决定氨基酸的顺序。另外，蛋白质也对 DNA 起着反作用，它可以通过和 DNA 结合，直接和 DNA 发生交互作用，进而控制基因的活动。

　　至此，分子生物学的基本理论框架已经建立起来了，人类对生物的研究也正式进入了分子领域。遗传学家早期所做的遗传学研究都可以用分子生物学的技术来重新审视。最早的遗传学实验是孟德尔的豌豆实验。在进行豌豆实验时孟德尔对豌豆有时呈饱满状，有时呈皱缩状一直感到困惑不解，虽然他就此提出了经典的遗传定律——孟德尔定律，却始终无法弄清这其中的原因，而运用分子生物学就可以很容易地解释这个问题。1990 年，英国科学家发现皱缩皮的豌豆之所以形成是因为它缺少一种处理淀粉的酶，由于有不相关的 DNA 插到了处理淀粉酶的中间，使它发生了突变，因此它丧失了处理淀粉的能力。由于突变的作用，豌豆含有的淀粉少，糖分多，因此在成长的过程中流失的水分较多。在水分流失豌豆的体积随之减少的时候，豌豆外面的种皮却没有随之缩小。由于内含物太少，种皮撑不起来，因此形成了独特的皱缩现象。

　　用分子生物学也可以清楚地解释伽罗德曾经研究的黑尿病。1995 年，西班牙生物学家在研究真菌的时候发现了一种突变基因。这种基因平常会制造一种酶，这种酶在许多生命系统中都存在。人体内也有这种基因，比较人体与真菌的基因序列就可以找到这种基因，它所制造的酶被称为尿黑酸加氧酶。比较正常人和黑尿病患者的基因可以发现，黑尿病患者的这个基因不起作用，原因在于它的一个碱基发生了突变。这也符合伽罗德提出的先天的遗传错误的观点。

　　分子生物学建立的意义远不止于科学研究方面，它更有助于人们理解自己，理解生命本身。

第三节　先有鸡还是先有蛋

　　"先有鸡，还是先有蛋？"这是一个很古老的问题，至今仍困扰着很多人。人类的好奇心使人们对什么事都喜欢问个究竟，这是一种智慧的"痛苦"，但也是人之所以为人的一种根本特征。正是由于这种本性，人类在考虑生命起源的时候，也发出了这样的疑问："先有DNA，还是先有蛋白质？"很多人认为最早的生命是由一个DNA构成的，但实际上DNA只含有信息，它并不能催化任何化学反应，它需要蛋白质才能聚合。那最早的生命是不是蛋白质呢？如果最早的生命是蛋白质的话，不能复制遗传信息的蛋白质显然是不能让生命延续的。那么，要有DNA就必须有蛋白质，要有蛋白质就必须要有DNA。这实际上是说："要有鸡，就必须有蛋，要有蛋，就必须有鸡。"这样，人们就陷入了一个自己根本无法解答的悖论之中。

这个悖论并不是不可解的，解答的关键在于RNA。在发现DNA，RNA和蛋白质的关系之后，人们不由得有这样的疑问，为什么DNA上的信息一定要通过RNA才能传递给蛋白质呢？克里克最早对这个问题做了回答，他认为RNA出现的时间要早于DNA，RNA是生命的基础，也是最早的遗传分子。克里克认为由于RNA的成分是核糖核酸，它本身的化学性质可能赋予自己酶的性质，能够进行催化本身的自我复制。那为什么现在DNA成了遗传物质，只有很少一部分RNA是遗传物质呢？克里克认为这是自然选择的结果，DNA出现在RNA之后，其性质远比RNA稳定，由于RNA易于降解和突变，所以DNA显然更适合做遗传物质。

按照克里克提出的假说和其他的知识，我们可以描绘出一张生命起源的草图。在约150亿年前，一场大爆炸使宇宙生成，在约45亿年前地球形成。在地球形成后几亿年时间里地球上形成了一个"RNA的世界"，

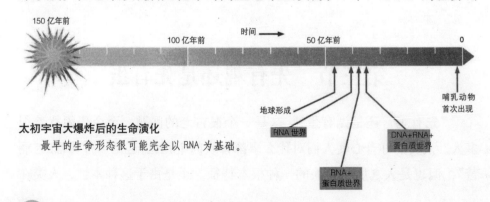

太初宇宙大爆炸后的生命演化
最早的生命形态很可能完全以 RNA 为基础。

在RNA的催化下蛋白质开始形成，随后DNA诞生，经过漫长的岁月，DNA最终取代RNA成为遗传物质的主角，"RNA的世界"也变成了"DNA的世界"。

克里克虽然提出了RNA早于DNA的学说，但这只是一种猜测，并没有实验的证明。直到1983年，才出现了有利于克里克学说的证据。当时美国科罗拉多大学教授汤姆和耶鲁大学教授奥特曼分别发现RNA分子具有催化性质，这一发现不仅使他们荣获了1989年的诺贝尔化学奖，也间接证明了克里克的假说。

1993年，出现了更确凿的证据，这要归功于加州大学圣塔克鲁斯分校教授诺勒。诺勒在实验时发现将蛋白质内的氨基酸连接在一起的多肽键并不是蛋白质催化的，而是RNA催化的。核糖体是蛋白质的合成地点，而与核糖体有关的蛋白质共

诺勒在实验室

有60多种。诺勒以前以为多肽键是蛋白质催化的，但他将核糖体内的蛋白质全部清除后，意外地发现多肽键仍能生成。这说明多肽键的形成跟蛋白质没有关系，在接下来的研究中，他证明了是RNA催化了多肽键。

按照现在对RNA的了解，我们会发现RNA的功能非常强大。它能够携带遗传信息，同DNA的功能相似，只是不如DNA稳定。它又能够催化关键的化学反应，同蛋白质的功能相似。我们可以发现RNA实际上同时具备着DNA和蛋白质的功能，是它们的复合体。这样，一直困扰人们的"先有DNA，还是先有蛋白质"的问题就有了答案。在"RNA的世界"

里，这样的问题并不存在，因为 RNA 既是 DNA 又是蛋白质。更确切地说它既是鸡，又是蛋。

由于从一开始，遗传信息就是通过 RNA 传递的。尽管此后遗传信息的载体大都变成了 DNA，但 RNA 仍然在生命过程中发挥着自己的作用。所以直到现在，遗传信息也必须要通过 RNA 才能传递给蛋白质。用一个古老的原理或许可以把这个问题说得清楚一点。一个东西是现在这个样子的并不是因为这个样子是最好的，而是因为在最初的时候它就是这个样子的。

在弄清生命起源的问题之后，人们或许还有一个疑问，那就是生命到底是什么？当我们深刻了解了生命的起源、生命的过程后，我们能够解释生命是什么这个问题吗？我们每个人都知道什么东西有生命，什么东西没有生命。但如果让我们回答生命是什么这个问题，可能就会感到为难了。

通常人们的解释都是从生命的特征出发的，如生命能够生长、能够繁殖、能够遗传、能够新陈代谢等，但这些特征并不是生命独有的，有些生命也不具备这些特征，比如说新陈代谢。新陈代谢本质上是跟外界进行物质和能量的交换。火在燃烧的时候也在同外界发生着物质和能量的交换，但火是没有生命的。而在适当条件下保存的种子，它在很长时间里与外界没有能量和物质的交换，但它是有生命的。比如生长，就生命而言，生长是生物体或其一部分的体积、干重或细胞数目增长的过程，而无机界的物也会生长，如空气中的雪花可以从外界取得与本身相同的物质，扩大自己的体积。再比如繁殖，有些生命由于自身生殖系统的缺陷就不能繁殖，像骡子就不能繁殖后代。当然，如果将这些特征组合起来，确实可以描述生命，但它却无法解释生命的本质。

哲人们很早就开始了对生命的思考。如中国的哲人把生命看成是一种"气"。有的哲人说："人之生也，气之聚也，聚则为生，散则为死。故曰通天下一气耳。"还有人说："人之生，其犹冰也，水凝而为冰，气积而为人。"而西方哲人则把生命看成是一种力，就此提出了"生命力"、"活力"

等概念。从中西哲人的观点可以看出，人类的哲学家实际是把生命的本质归结于一种神秘的物质。因为没人能知道哲人们所说的"气"或者"力"到底是什么东西。在哲学无法解决的情况下，人们只好求助于宗教，并把生命理解为是神的创造物。

不过科学对人类的本质的问题一直都没有忽视，并提出了很多理论。其中比较流行的是机械论和生机论。机械论认为可以用物理学的规律来阐释生命，它将生命等同于一台机器。随着科学技术的发展，机械论的内涵也不断发生着变化。如 16 世纪时钟是人类常见的机器，机械论就将生命视为钟表一类的机器。19 世纪瓦特发明蒸汽机后，机械论者又把生命称之为"热机"。而当生物学研究进入分子领域后，机械论者再次与时俱进，提出生命不过是一种分子机器。可以想象，如果科学继续发展，机械论者的观点肯定还会改变。生机论是作为机械论的反面理论出现的，它的目的就是反对机械论。对于机械论提出的"生命是一台机器"的观点，生机论者提出了2 个问题。一是如果"生命是一台机器"，那这台机器是如何设计的？它的制造者是谁？如果没有制造者的话机器能够自生吗？二是如果"生命是一台机器"的话，那它的操纵者是谁？就人类所知，人类制造的机器都有操纵者，如果"生命是一台机器"的话，那它就一定有一个操纵者，这个操纵者究竟是谁呢？这两个问题确实很难回答，不过如果引入神学就很容易回答了，但这就不是科学了。

智慧的人类从来都没有停止过思考，人们一直都在寻求着生命真谛的答案。从 16 世纪开始，西方世界掀起了轰轰烈烈的文艺复兴运动。文艺复兴运动的本质是将人从神的桎梏中解放出来，变"神本主义"为"人本主义"。哥白尼以其地破天惊的发现证明了地球不过是茫茫宇宙中一个普通的星球，而人类居住的星球也不是宇宙的中心，这就在严密的神学大幕上撕开了一个口子。在文艺复兴运动之后兴起的启蒙运动更是一个绝对不妥协的同一切非科学的思想对抗的运动，在启蒙运动的影响下，科学家的思想得到了前所未有的解放，他们的研究更加深入。进入 19 世纪以后，启蒙运动的烈火不但没有熄灭，反而越烧越旺。达尔文发表了"进化论"，它的重要意义不只在于指明了人的祖先是猿人，更在于他说明了各种生命是互相关联的，这让人们得以从科学的观点对世界有了更加深刻的认识。1828 年，弗雷德里克·维勒用氯化氨和银的氰化物合成了尿素，从而打破了有机物和无机物的界限。在他之前，尿素是只有生物体才能制造出来的东西。维勒的发现使人们进一步认识到物质的统一性。19 世纪下半叶，化学家巴斯德等人的发现证明腐烂的肉类中是不会自然生蛆的，这又推翻了"生命是自然发生的"的学说。尽管如此，神学仍笼罩在生命本质的问题之上，种种稀奇古怪的学说层出不穷。甚至很多生物学家也不愿接受"物竞天择、适者生存"的进化理论，反而把生命的进化归结为神意。

这就是双螺旋、DNA 密码等发现的意义了，它们将启蒙思想的光辉第一次带入了细胞领域。从这些发现中我们可以知道：DNA 自身可以复制，因而使生命物质具有繁殖和遗传的能力；DNA 能通过转录和转译决定 RNA 和单蛋白质的结构；而复制、转录和转译等过程又都需要蛋白质酶和 RNA 参与；DNA 和蛋白质均起源于 RNA，世界最早是一个 RNA 的世界。从已知的发现可以归纳出生命的定义，那就是生命是核酸和蛋白质（特别是酶）的相互作用产生的、可以不断繁殖的物质反馈循环系统。简单地说，生命就是一种化学作用。

沃森、克里克以及其他生物学家的发现不仅在思想上影响巨大，在 20 世纪下半叶，DNA 对医学、农业、法律等诸多方面更是产生了深远影响，彻底地改变了人类的生活面貌。不过在 DNA 产生如此重要的影响之前，还有一个技术问题需要解决，那就是如何去利用 DNA，改造 DNA。而"重组 DNA"技术的出现，使这一切都梦想成真。

第四章
重组 DNA

第一节　寻找研究 DNA 的工具

　　对早期的分子生物学家来说，研究 DNA 几乎是不可想象的，因为它太大了。那 DNA 分子到底多大呢？以人为例，人体任何一条染色体分子都有一个 DNA 分子的长链。人体的染色体除了性染色体之外，都是按大小来编号的，其中 1 号染色体最大，21 号和 22 号染色体最小。在细胞所含的 DNA 中，有 8% 位于 1 号染色体内，约有 2.5 亿个碱基对。21 号和 22 号染色体虽然相对较小，也含有 4000 万个

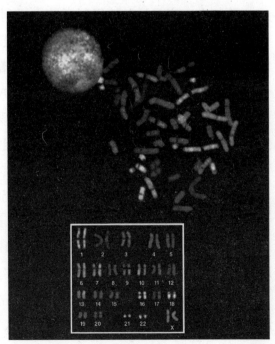

人类的 23 个染色体

碱基对和4500万个碱基对。即使是最小的DNA分子,也有几千个碱基对。由于DNA过于庞大,研究特定的基因(特定的一段DNA)就变得非常困难。首先必须把这段DNA从庞大的DNA结构中分离出来。为了取得研究的样本,把DNA片段分离后还需要将其放大。

发现DNA密码后,由于科学家们没有找到执行上述程序的方法,所以对DNA具体情况的研究一直无法进行。直到20世纪70年代,这种状况才有了很大改变。这时科学界找到了一种名为"重组DNA"的技术,通过这种技术,科学家可以随意编辑DNA,按人类的意志创造自然。有人认为"重组DNA"技术的发现所具备的意义可以同火的发现相媲美,它使人类具备了改造世界的能力。同分子生物学的其他发现一样,"重组DNA"技术不是哪个人的杰作,而是众多学者合力的结果。

"重组DNA"技术的发轫者是美国遗传学家科恩伯格。科恩伯格1918年3月3日出生于美国纽约,他天资聪颖,在少年时代曾3次跳级,学习成绩始终名列前茅。1937年获纽约城市学院理学学士学位,1941年获罗切斯特大学医学博士学位,之后长期从事遗传学研究工作。

正如在上文DNA的复制章节中提到的,科恩伯格在20世纪50年代发现了DNA多聚酶,这种酶通过从两股已经分开的亲代股形成互补股的方式复制DNA,这个发现使他荣获了诺贝尔奖。后来,他将DNA聚合酶用于某种病毒的研究之中,他用DNA聚合酶复制了这种病毒DNA的全部5300个碱基对。不过科恩伯格发现,复制出来的病毒不是活的,虽然它的碱基序列同亲代的一模一样,但它却不具备生物活性,这说明其中缺乏某种对生命生存至关重要的物质。尽管科恩伯格尽力寻找,但却一无所获。1967年,美国国家卫生研究院的盖勒特和斯坦福大学教授莱曼在实验时同时发现了这种神秘物质,这才使科恩伯格的研究得以进行下去。这种神秘物质是一种被称为"DNA连接酶"的酶,它能够把DNA分子的两个末端连接起来,从而使其具有活性。

发现"DNA连接酶"后,科恩伯格继续进行自己的实验,他利用DNA聚合酶复制病毒的DNA,然后加入"DNA连接酶",使整个分子形成了一个连续的长链。这样科恩伯格就制造出了一个人造的病毒，它的功能同天然的病毒一模一样。既然病毒能够制造，按照同样的原理其他生命显然也能够制造。科恩伯格的发现引起了极大的反响，舆论称他首次实现了"在试管中制造生命"的梦想。美国前总统约翰逊更称之为"惊人的成就"。

在科恩伯格之后，更多的科学家投身到"重组 DNA"的研究之中，"重组 DNA"的研究也因此日益成熟。瑞士化学家阿尔伯对此贡献颇多。阿尔伯 1929 年 6 月 3 日出生于瑞士，他 16 岁的时候才进入学校学习，1953 年大学毕业后成为一名科研人员。阿尔伯在研究病毒的时候发现，一些病毒 DNA 在侵入宿主细胞后被分解的过程中，有些宿主细胞会发现病毒并对其进行攻击，但有些宿主细胞却不会，显然如果宿主细胞都能攻击病毒的话那病毒就不会存在了。但这个过程是怎么发生的？原因在哪？尽管世界上的生命形态多姿多彩，但它们的 DNA 却都是由 4 个碱基组成的，为什么宿主细胞在攻击病毒 DNA 的时候不会误伤自己的 DNA 呢？

这种种疑问使阿尔伯产生了浓厚的兴趣，他在破解这些问题时首先发现存在一种能够降解 DNA 的酶，这种酶被称为"限制酶"。限制酶能够切断外来的 DNA，只要细胞中存在限制酶，病毒就无法入侵。但限制酶有其特定的识别范围，如果入侵的病毒 DNA 碱基顺序在限制酶的识别范围之外，限制酶就不能发生作用。那宿主细胞在攻击病毒 DNA 的时候为什么不会误伤自己的 DNA 呢？阿尔伯在随后的研究中发现，细胞在制造攻击特定顺序的限制酶时，也会制造另一种酶。这种酶可以修饰细胞本身同病毒相同的 DNA 序列，这样在细胞攻击病毒的时候，就不会误伤自己了。比如限制酶 EcoR1，它可以辨认和攻击碱基序列 GAATTC，当发现有这个序列的外来者入侵时，EcoR1 会迅速发动攻击。在 EcoR1 攻击时，细胞本身的 GAATTC 因为经过修饰而躲过一劫，幸免于难。阿尔伯的发现意味着什么呢？它意味着科学家们找到了切割 DNA 的工具，科学家可以利用限制酶来切割 DNA，找到需要的基因。也就是说科学家找到了他们梦寐以求的"分子剪刀"。

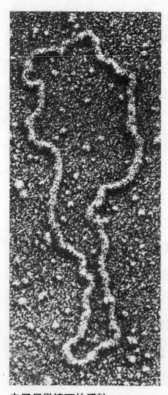

电子显微镜下的质粒

"重组DNA"技术的另一个重大发展来自于对质粒的研究。质粒是指染色体外能自主复制的遗传单位，现在通常用来代指细菌、酵母菌和放线菌等生物中染色体以外的单纯的DNA分子。质粒最早是由美国遗传学家莱德伯格发现的。莱德伯格1925年5月23日出生于美国新泽西州蒙特克莱市的一个犹太移民家庭，他生长于华盛顿，幼年时受到了良好的教育。1944年获哥伦比亚大学学士学位，此后曾在医学院学习了一段时间，后转入耶鲁大学，于1947年获得耶鲁大学博士学位。从学校毕业后他先后担任威斯康星大学遗传学系教授和斯坦福大学医学院教授，1962年任肯尼迪分子实验室主任。

1952年，莱德伯格发现了大肠杆菌的F因子，这是科学界发现的第一种质粒。F因子决定着细菌的性别，具有F因子的大肠杆菌相当于雄性，而不具有F因子的大肠杆菌则相当于雌性。此后，科学家们又发现了更多的质粒，质粒的作用也日益被科学家们所认识。其中最为重要的就是抗药性质粒的发现。

20世纪60年代，科学家发现许多细菌对某一抗生素产生抗药性并不是由于细菌基因组突变导致的，而是源于引入了外来的质粒。经研究，科学家发现，质粒不仅在细胞分裂时可以跟细菌基因组的其他部分一起复制和遗传，在特定情况下，质粒也可以在细菌之间相互传递。当一个细菌收到外来的质粒时，这个细菌就可以收到在其诞生时没有的遗传信息，而这些信息中通常就包含有抵御抗生素的基因，细菌因此具备了抗药性。

在对质粒的研究中，斯坦福大学教授科恩的贡献尤为突出。科恩

1935 年 2 月 1 日出生，他进入生物学研究领域纯属机缘巧合。上高中的时候，他受老师的影响立志要当一名医生。之后，他相继顺利考入了拉特格斯大学医学院和宾夕法尼亚大学医学院，并在 1960 年获得了医学博士学位。正当他要实现成为一名内科医生的理想时，越南战争爆发了，为了避免被征为军医到前线当炮灰，他接受了美国国家卫生研究院的研究职位，转而从事研究工作。科恩从事研究工作本属迫不得已，不过他很快发现在实验室做实验要比面对病人有趣得多，便开始一心一意做研究，并逐渐成为一名出色的研究人员。1971 年，科恩取得了重大突破，他找到了诱导大肠杆菌从细胞外引入质粒的方法。科恩把含有抗药性基因的质粒注入不具有抗药性的细菌之中，使这种细菌具备了抗药性。由于遗传的缘故，细菌的后代也具有抗药性。每次细菌分裂的时候，质粒DNA 都能传给后代。

　　在生物学界多位学者的努力下，到 20 世纪 70 年代，"重组 DNA"手段已经基本完备了。如果想生产想要的 DNA，首先可以用限制酶这把"分子剪刀"来切割 DNA，得到想要的基因序列。然后用连接酶把这个序列粘到质粒上。之后再把质粒插到细菌细胞里，就可以复制想要的 DNA 片段。细菌的复制能力是十分惊人的，一个细菌细胞插入一个质粒后就可以制造大量的 DNA 序列。如果让这个细胞不断繁殖，就可以制造出数十亿个细菌，创造出几十亿个 DNA 序列。可以说，一个细菌细胞就是一个 DNA 工厂。

　　1972 年 11 月，科恩到夏威夷参加了一个质粒讨论会，在这里他遇到了加利福尼亚大学洛杉矶分校年轻的终身教授博耶。博耶出生于美国宾夕法尼亚州，读高中的时候他酷爱打美式橄榄

遗传工程先驱博耶（左）和科恩（右）

球，是学校美式橄榄球队的前锋。当时该校的美式橄榄球队教练正好是博耶的生物学老师，在老师的影响和教导下，博耶对生物学产生了浓厚的兴趣。沃森和克里克发现了 DNA 双螺旋之后，博耶更是狂热地迷上了 DNA，他甚至把自己养的 2 只泰国猫分别起名叫沃森和克里克。阿尔伯发现限制酶后，博耶意识到限制酶的重要性，全力投入到限制酶的研究之中，并在限制酶的研究中做出了突出贡献。当科恩同博耶碰面后，他们两个都意识到，如果将二人的专长结合起来，那么分子生物学的面貌将会焕然一新。一天晚上，他们在餐馆共同品尝美食后决定合作，一起进行"重组 DNA"的研究，而分子生物学在他们合作之后果然有所不同。

虽然科恩和博耶二人决定合作，不过由于他们不在同一所大学工作，他们的实验室相距甚远。博耶的实验室在旧金山，而科恩的实验室则在 64 千米以外的帕罗奥图，所以他们平常联系十分困难。幸好科恩实验室有一名叫张安妮的华裔技术员，她住在旧金山，正好可以顺路捎带一些实验样品，这样科恩和博耶的合作才变得顺畅了一些。科恩和博耶的第一个实验是要制造一个混合体，即将 2 个对特定抗生素有抗药性的质粒混合起来组成一个混合体。这 2 种质粒一个对四环素具有抗药性，另一个对卡那霉素具有抗药性。科恩和博耶希望制造出的这 2 个质粒的混合体既能够抵抗四环素，也能够抵抗卡那霉素，成为对这 2 种抗生素都有抗药性的"超级质粒"。他们的实验方法是首先用限制酶把这 2 个质粒分别切断，然后把它们混合加入一个试管中，并用连接酶将被切断的末端连接起来。此后科恩采用自己的质粒移植技术，将质粒的混合体移植到细菌里，并把培养的细菌放在涂有四环素和卡那霉素的培养基上。正如所料，植入混合体质粒的细菌对四环素和卡那霉素都具有抗药性，它所具有的 2 种 DNA 一种可以对抗四环素，一种可以对抗卡那霉素。

科恩和博耶的第二次实验是从截然不同的生物中提取 DNA，然后再制造混合质粒。他们从非洲的青蛙体内提取了 DNA 片段，然后将其植入大肠杆菌的质粒之中，这样大肠杆菌的子代就具备了非洲青蛙的基因。如果把非洲青蛙的基因植入哺乳动物呢？显然也会产生一样的结果。

经过科恩和博耶的努力，"重组DNA"的技术已经基本成熟了，不过这种技术的成熟究竟意味着什么呢？这是否表明从此以后人类就可以使用 DNA 来随意创造生命了？如果是的话，人类具有这种能力究竟是好事还是坏事？这要因事而异，如果把青蛙的基因植入马的质粒之中，之后生产出含有青蛙基因的马或许人们还能接受，但如果把某种生物的基因植入人的质粒之中，然后生产出含有某种生物基因的人，那人们一定会感到恐惧。正因为这样，在"重组DNA"技术诞生之后，各式各样的敌意、流言就一直伴随着这门新兴的技术，并使它的发展充满了曲折。

关于"重组DNA"技术的争议在下文将有详细叙述，在这里我们先叙述一下 DNA 定序的问题。定序即为确定 DNA 上的碱基顺序，我们知道 DNA 上的碱基数量十分庞大，因此定序是一个很艰巨的工作。首先需要有大量的特定 DNA 片段。但在"重组 DNA"技术出现以前，科学家因为没法取得材料，定序工作一直很难进行，而"重组DNA"

待选殖的 DNA 序列　　细菌质粒 DNA

用限制酶"剪断"

用 DNA 连接酶"粘贴"

重组 DNA 分子

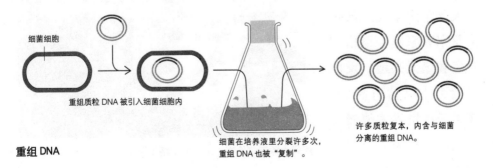

细菌细胞

重组质粒 DNA 被引入细菌细胞内

细菌在培养液里分裂许多次，重组 DNA 也被"复制"。

许多质粒复本，内含与细菌分离的重组 DNA。

重组 DNA

技术就解决了这个问题。利用这种技术，将需要的 DNA 片段插入质粒，然后再将质粒插入细菌，这样细菌在分裂和生长后就可以制造出大量的 DNA 片段的复本。从细菌中取出 DNA 片段的复本，就可以进行 DNA 的定序工作。

在 DNA 定序的研究中，有两位科学家各自独立发展了自己的定位技术，他们分别是哈佛大学教授吉尔伯特和剑桥大学教授桑格。吉尔伯特就是上文中提到的发现"抑制子"分子的那位科学家，他自幼就对自然科学产生了浓厚的兴趣。在上高中的时候，他经常逃课到美国国会图书馆去看物理学方面的书，别人逃课往往导致成绩下降，而吉尔伯特逃课却使自己的成绩直线上升，这也算一个奇迹了。吉尔伯特在本科和研究生阶段学习的都是物理学，并在 1957 年成为哈佛大学的物理学讲师。受当时在哈佛大学工作的沃森的影响，他转入了分子生物学领域，并成为这一领域的顶尖科学家。

桑格于 1918 年 8 月 13 日出生于英国伦德库姆的一个教友派基督教家庭，1939 年获剑桥大学学士学位。虽然出身宗教家庭，桑格却对宗教毫无兴趣，反而对社会主义情有独钟。在第二次世界大战爆发初期，他曾响应英国共

序列大师吉尔伯特（上）和桑格（下）

产党的号召拒服兵役。1940 年，他进入剑桥大学研究生院研究生物化学，1943 年获得博士学位。此后，他长期在剑桥从事研究工作，在生物学领域做出了杰出贡献。1955 年，他建立了蛋白质氨基酸的测序方法，完成了牛胰岛素 51 个氨基酸的全序列测定，因此他于 1958 年荣获了诺贝尔奖。在冠盖云集的剑桥大学，桑格一直默默无闻，连教授也不是。但诺贝尔奖将这一切都改变了，一时间鲜花、掌声和各式各样的官职纷至沓来，这让桑格感到很不适应。桑格深知官位、金钱和名誉不过是过眼云烟，只有真理才会永远流传。所以他辞去了实验室主任的职位，一心一意做学问。当别的诺贝尔奖得主四处宣扬自己成就的时候，他却把诺贝尔奖证书藏了起来。他说："得到一个金牌，就放在银行保险箱里，得到一个证书就放在阁楼里。"在学术界，诺贝尔奖又被戏称为"死奖"，因为得奖者在得奖后往往就没有什么成绩了（当然，这在很大程度上跟获奖者大多年事已高有关）。但是桑格却是一个例外，他在获奖后仍然在生物学领域取得了杰出的成就。20 世纪 60 年代，他转而研究核酸，为分子生物学开辟了广阔的前景。

吉尔伯特和桑格发明的定序法各有特点，但总体而言，桑格的定序法要更好一些。吉尔伯特使用的切割 DNA 的物质，有些具有毒性，如果防护没有做好的话，极易伤害到研究人员自身的 DNA，而桑格

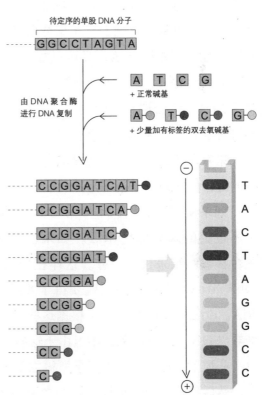

待定序的单股 DNA 分子

GGCCTAGTA

A T C G
+ 正常碱基

由 DNA 聚合酶
进行 DNA 复制

A T C G
+ 少量加有标签的双去氧碱基

CCGGATCAT
CCGGATCA
CCGGATC
CCGGAT
CCGGA
CCGG
CCG
CC
C

T
A
C
T
A
G
G
C
C

新 DNA 股的混合物：每股的长度不一，末端都是加有标签的双去氧碱基。

在凝胶中被电场分离的 DNA 产物：从胶体底端往上读就是新 DNA 股的序列。

桑格的 DNA 定序法

的方法则没有危险。他的方法是使用了在细胞里自然复制 DNA 的酶，即 DNA 聚合酶。他不但使用了 DNA 中形成的正常的碱基 A，T，C，G，还加入了一些双碱基。双碱基性质独特，DNA 聚合酶会将它们自然地结合到成长中的 DNA 链中。举个例子来说，比如有一个 DNA 片段，它的序列是 GGCCTAGTA，用 DNA 聚合酶来复制这一片段，并准备好正常的碱基 A，T，C，G 和双碱基 A 的混合物。DNA 聚合酶按顺序复制时会先从第一个 C 开始（与 DNA 片段中的 G 相对应），之后依次是 C，G 和 G。到聚合酶遇到 T 的时候，它会有两种可能性，一种是把正常碱基 A 加入这个越来越长的长链之中，另一种是把双碱基 A 加入。如果加入的是双碱基 A，那么复制就会停止，加入双碱基 A 的链将会比较短，末端是双碱基 A，序列为 CCGGddA。如果加入的是正常碱基 A，那么它会继续加入碱基，直到 DNA 聚合酶又遇到 T 为止。这时又有两种选择，既可以加入正常碱基 A，又可以加入双碱基 A。如果加入双碱基 A，那么复制就会停止，但这时形成的链就要稍长一些了。此后每次聚合酶遇到 T 的时候都会遇到类似情形，如果加入正常碱基 A，那么 DNA 链就会接着延长；如果加入双碱基 A，那么复制就会停止。这意味着什么呢？这意味着在实验结束时，就可以得到许多自模板 DNA 复制来的、长度不等的链，但它们的末端都是 ddA。

如果使用 A，T，C，G 和 ddT 的混合物进行复制，结果也是一样，只不过链的末端都是 ddT。如果使用 A，T，C，G 与 ddC 或 ddG 的混合物呢？结果也是一样。这样在分别采用 4 种合成方式，加入 ddA、ddT、ddC 和 ddG 后，就获得了 4 组 DNA 链，这些链的末端分别是 ddA、ddT、ddC 和 ddG。根据这些 DNA 链的长度，进行归类，就可以推导出 DNA 链的序列。不过由于这些 DNA 链的长度相差不大，还需要做一些加工。加工的办法是把所得的 DNA 链都放入充满特殊胶体的板子上，然后把这个板子再放入电场之中，在电场的作用下，DNA 分子被迫在电场中运动。DNA 链运动的速度是与其大小成正比的，短链的移动速度要远远快于长链。这样在特定的时间范围内，短链会移动得最远。在一段时间之后，通过判断这些 DNA 链在凝胶中的相对位置，就可以推导出这个 DNA 片段的序列。

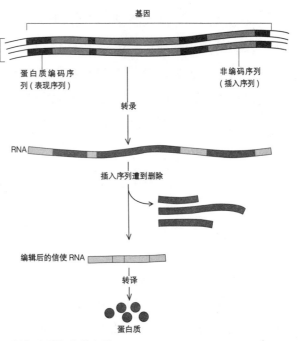

基因

DNA

蛋白质编码序列（表现序列）　　非编码序列（插入序列）

转录

RNA

插入序列遭到删除

编辑后的信使 RNA

转译

蛋白质

插入序列和表现序列

在制造蛋白质前，信使 RNA 中的不负责编码的插入序列会被删除。

DNA 定序对日后生物学的发展意义重大，它直接导致了后来人类基因组计划的产生。我们知道基因是由腺嘌呤、鸟嘌呤、胞嘧啶和胸腺嘧啶组成的线状链，这些碱基根据遗传密码每次三个三个地转译，会创造出由氨基酸构成的长链（即蛋白质）。了解基因以及与此对应的蛋白质对科学的发展意义非常重大。但寻找基因并不是一件简单的事，科学家罗伯兹和夏普等人的研究都发现，在很多生物体内，基因都是一段段存在的，在重要的编码 DNA 中往往插入了很多不相干的 DNA 片段。只有在转录过程中，"编辑"才会把不相干的部分去掉。这些插入的不相干的 DNA 片段被称为"插入序列"。

1980 年，桑格和吉尔伯特因对 DNA 定序的研究获得了诺贝尔化学奖。另外一个获奖的化学家是保罗·伯格，他是因促进"重组 DNA"技术的研究而得奖的。而对"重组 DNA"技术贡献最多的科恩和博耶却没有得奖，这让人颇为困惑。这次得奖是桑格第二次获得诺贝尔奖，他像上次得奖一样，继续保持着低调的态度。他仍旧把证书藏起来，继续做学问。在英国，爵士是最高的荣誉，很多人都把成为爵士作为一生最大的理想。不过桑格却不这样想，他曾经拒绝了爵士的封号，他说："爵位会让你与众不同，对吧？不过我不想与众不同。"

20 世纪 90 年代人类基因组计划启动后，剑桥大学于 1993 年专门建立了人类基因组研究中心，从事基因组定序工作。为了表彰桑格的杰出贡献，该中心被命名为"桑格中心"。"桑格中心"自成立后一直是世界上顶尖的基因研究机构，在人类基因组研究中发挥了重要的作用。

第二节　SV40 病毒

在医学中，南亚地区的恒河猴常被用来调配小儿麻痹疫苗。到 20 世纪 60 年代初，科学家们发现恒河猴在癌症及 DNA 研究中也有重要意义。1961 年，科学家从恒河猴身上分离出一种名为"SV40"的病毒，经过实验后科学家发现，"SV40 病毒"虽然对其宿主——恒河猴无害，但这种病毒可能导致啮齿类动物罹患癌症。在特定的实验条件下，这种病毒也能造成人类细胞的癌变。这个新发现立即引起了世界医学界极大的恐慌，自 1955 年小儿麻痹疫苗接种计划实施以来，仅在美国就有数百万儿童接种了小儿麻痹疫苗,这些孩子因此成了"SV40 病毒"的感染者。如果"SV40 病毒"能引发癌症的话，那么那些接种小儿麻痹疫苗的孩子不就成了潜在的癌症患者了吗？有人甚至预言这一代人将会因癌症而毁灭。万幸的是这种预言并没有发生，可能是由于实验室中的那种特定条件在现实中很难具备，"SV40 病毒"并未造成癌症的大规模流行，一代人被癌症毁灭的可怕预言也没有成为现实。不过"SV40 病毒"在特定条件下能引发癌症的特点却让科学家们对它着了迷，希望通过它来揭开癌症之谜。

美国斯坦福大学教授保罗·伯格率先看到了"SV40 病毒"的研究前景，并开始了这方面的研究。保罗·伯格出生于美国纽约的一个服装制造商家庭，父母都是俄罗斯移民。尽管家境并不富裕，保罗·伯格的父母仍然坚持供儿子上学，在父母的努力下，保罗·伯格接受了良好的教育，为日后从事科学研究打下了坚实的基础。保罗·伯格在亚伯拉罕·林肯中学读书时，学校实验室专门负责管理显微镜的女老师沃尔夫太太组织

保罗·伯格和他以病毒命名的 SV40 轿车

了一个科学俱乐部，鼓励学生们做研究，他因此得以和其他孩子一起用不同的方法来学习知识。每当保罗·伯格向沃尔夫太太问自己不知道的问题时，她都不直接告诉他答案，而是让他自己去寻找解答这个问题的方法。这样保罗·伯格就不得不靠自己的努力去解决问题，自己去做实验、查资料，慢慢地他学会了向自己提问，靠自己解决问题。进入宾夕法尼亚大学后，在老师的鼓励下，保罗·伯格常对自己提出超出自己知识和经验范围的问题，思考自己不知道的事情。之后，他还加入了课外科学俱乐部，在俱乐部里用实验解答一些同自然界有关的问题。起初，他总是重复书本上的一些实验，渐渐地他开始设计一些新的方法来解决问题，并逐步掌握了探求未知世界并寻找答案的能力。保罗·伯格在日后回忆说："当我回望我的青少年时代，我意识到自己去发现问题的答案虽然不一定是学习未知的最好的办法，却是最有意义的方法。教育对人一生最大的贡献就是帮你增强好奇心和培养你有创造性答案的直觉。随着时光的流逝，我们所掌握的很多知识都会被遗忘，但我们发现问题和解答问题的能力却永远不会逝去。"值得一提的是，亚伯拉罕·林肯中学的沃尔夫太太所带的那个科学俱乐部日后共出了3位诺贝尔奖得主，除了保罗·伯格外，还有著名科学家科恩伯格、结晶学家卡尔卡，他们日后都对沃尔夫太太的教育推崇备至。

日本海军联合舰队偷袭珍珠港后，保罗·伯格志愿参加美国海军，因此中断了在宾夕法尼亚大学的学业。第二次世界大战结束后，他重返母校，并于 1948 年获得了宾夕法尼亚大学生物化学学士学位。此后他继续深造，1952 年，荣获凯斯西部大学生物化学博士学位。1959 年他到斯坦福大学任教，此后一直都没离开过这所大学。

保罗·伯格得知"SV40 病毒"的消息后马上开始了研究。这在当时是颇具风险的，当时科学家还无法测定"SV40 病毒"的安全性，不过保罗·伯格对此并不在意。他仔细分析"SV40 病毒"后认为在未来可以通过"SV40 病毒"把外来的基因（DNA 片段）引入哺乳动物的细胞，他希望如果这种可能能够实现的话，那么未来就可以把矫正基因植入遗传患者体内，彻底治愈遗传病。于是，保罗·伯格首次提出了"基因疗法"的主张，即把新的遗传物质植入遗传病患者体内，以弥补先天遗传造成的基因缺陷，这对后世产生了深远的影响。

为了验证自己的想法，保罗·伯格在 1971 年决定进行实验，以验证植入外来 DNA 片段的"SV40 病毒"能否将外来基因输入动物细胞内。他首先使用噬菌体取得要植入 SV40 的外来片段，然后合成包括 SV40 的 DNA 和噬菌体 DNA 的合成分子，再实验包含有 SV40 的 DNA 和噬菌体 DNA 的合成分子是否能够成功地入侵动物细胞。如果实验成功的话，就意味着将有用的基因插入人类细胞、改良人类基因将成为可能。保罗·伯格的研究生简娜当时参加拟定了保罗·伯格的实验计划。同年夏天，简娜在冷泉港实验室参加了科学家珀拉科主持的冷泉港实验室夏季肿瘤培训班。在培

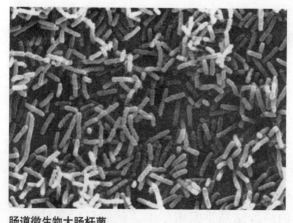

肠道微生物大肠杆菌

训班的讨论会上，每位同学都讲了自己目前所参加的研究项目，简娜也讲述了自己所参加的实验。珀拉科听了简娜的话后，感到十分惊恐，他怕这会产生不可预测的后果。他马上给保罗·伯格打电话，问他能不能保证实验的安全性：如果"SV40 病毒"没有接纳噬菌体的 DNA，把它插入动物细胞，而是被噬菌体 DNA 控制，造成 SV40 的 DNA 插入大肠杆菌等细菌细胞的话，如何处理？珀拉科的担心并不是杞人忧天，许多噬菌体都具备把自己的 DNA 插入细菌细胞的功能。而大肠杆菌是一种到处都有的细菌，它又与人类关系密切，是人类肠道中的主要细菌，如果有致癌性的"SV40 病毒"插入大肠杆菌中，那么就有可能造成携带有"SV40 病毒"的大肠杆菌菌落，这对人类来说可不是什么好事。尽管保罗·伯格认为珀拉科所说的都是胡说八道，但同其他科学家交谈后，保罗·伯格不得不承认自己也无法肯定是否能够排除这种危险性，为此他决定把这个实验延后，等到对"SV40 病毒"的致癌问题有详细了解后再说。

这件事使科学界认识到那些试图改造基因的实验可能对人类产生潜在的危险。在珀拉科的倡议下，1973 年 1 月，肿瘤和"重组 DNA"领域的专家们在阿塞洛马召开了第一次生物危害性会议。阿塞洛马位于加利福尼亚州的海岸边，从前是基督教青年会的营地，此地有一个别致的石头教堂，掩映在苍松翠柏之间，旁边有一个小海湾，环境优雅，是度假胜地。不过对"重组 DNA"技术忧心忡忡的科学家们无心观看风景，他们在珀拉科的主持下对"重组 DNA"可能带来的危害进行了讨论。沃森也参加了这次会议，在会议上，沃森对癌症病毒研究中的问题大加抨击，并对美国国家癌症研究院的某些行为提出了尖锐批评。他说："美国国家癌症研究院缺乏水准，这不仅是法律上的，也是道德上的。比如他们说：'我们所研究的一切病毒不可能造成长期危害，所以实验室不需要高标准的安全措施。'"在这次生物危害性会议之后，科学家们开始为某些实验可能带来的危害采取了预防措施，并经常开会讨论这些问题，对"重组 DNA"的担忧渐渐平息了下来。但科恩和博耶实验成功的消息使暂时平静的生物学界又骚动起来，因为这说明人类已经掌握了改造 DNA 的技术。

许多科学家都忧心忡忡，生怕有鲁莽的人做实验时不审慎考虑，以致产生灾难性的后果。

1973 年 6 月，分子生物学界的 130 位专家在美国新罕布什尔州召开了一个有关核酸的科学会议，会议讨论了有关"重组 DNA"的问题，与会专家普遍对"重组 DNA"可能带来的一系列问题表示担忧。在会议的最后一天，90 名专家中的 78 位就一份宣言进行了投票，宣言中说"重组 DNA"兹事体大，因此在进行与此有关的实验的时候，应该先报告美国科学院，由美国科学院对可能给研究者造成的危害和特殊"重组 DNA"实验的确切的社会效果进行审定后，再进行实验。大多数专家都投票赞成这份宣言。此外，科学家们还以 48：42 的投票结果决定给著名的科技类刊物《科学》写一封信，呼吁审慎进行"重组 DNA"的研究。由于保罗·伯格对"重组 DNA"研究颇深，会议还决定成立一个由保罗·伯格担任主席的研究委员会，专门调查"重组 DNA"的潜在危险。

1974 年，美国科学院正式成立了由保罗·伯格担任主席的研究委员会。4 月 17 日，该委员会在举行了一次小型会议之后，正式向《科学》杂志发出了公开信，呼吁全世界的科学家暂停"重组 DNA"的研究，直到"这类'重组 DNA'分子的潜在危险经过更妥善的评估，或有足够的办法防止它们扩散为止"。沃森、科恩、博耶等生物学家都在这封公开信上签了字。

然而几乎在公开信发出的同时，很多在信上签名的科学家都后悔了。谁都知道，"重组 DNA"技术可能会给世界带来翻天覆地的变化，但就在一场生物学界的大革命即将爆发的时候，这场革命的先锋——生物学家们却都退缩了。发现未知是科学家之所以是科学家的根本所在，如果在未知面前不做研究，那还叫科学家吗？有人 1975 年在《滚石》上发表文章说："现在分子生物学家们面临的困境，就同核物理学家在原子弹爆炸前面临的困境一样。"这是一种谨慎呢，还是一种怯懦呢？这显然不是一种谨慎，因为科学家们发出"重组 DNA"研究禁令的时候只是基于一种可能的判断，而不是已经证实的风险，因为在那时，科学家们所掌握的相关 DNA 分子危险性的实验性数据非常少。但说科学家们怯懦或许也不合适，"重组 DNA"技术所能带来的东西太沉重了，科学家们对拥有这样的能力并没有心理准备，他们对此表现出迟疑、恐慌的心理也就可以理解了。但科学的发展是谁也阻挡不了的。在原子弹出现时，尽管科学界对核武器出现可能导致人类毁灭充满顾虑，但显然那时人类已经到了核能时代的大门口，不管如何越趄不前，终究是要迈入核能世界的大门的，"重组 DNA"也是如此。为此，分子生物学家们决定再次开会谈论这一问题。

　　1975 年 2 月 24 日，第二次阿塞洛马会议召开，140 位来自世界各地的科学家出席了此次会议。这次会议被人称为"潘多拉魔盒"会议，因为它将决定是否打开"重组 DNA"这个"潘多拉魔盒"。《旧金山新闻》编辑戴维·帕尔曼参加了此次会议，他事后回忆说："会议日程一个接着一个，非常紧凑。每天早上 8 点或 8 点半就开始开会，中间有一次极短的休息时间，然后一直开到中午，午饭 1 小时后回到会场继续开会。下午会议有 10 分钟休息时间，大约在 6 点或更晚的时候散会，7 点半继续分组开会，直到 10 点或 10 点半才宣告结束，然后还要在那里边喝啤酒边谈。"由此可见会议日程是非常紧张的。除了科学家之外，大批记者和

DNA 大辩论：（左起）辛格、辛德、布伦纳、伯格

律师也参加了会议。记者来寻找新闻，律师则来寻找以后的可能出现的法律问题（显然这都需要律师的帮助）。记者的收获很小，因为他们根本听不懂科学家们在说什么，而律师则收获颇丰，因为他们发现如果"重组 DNA"得以启动的话，将会出现大量的法律纠纷。比如如果实验室的研究人员因为进行"重组 DNA"实验而得了癌症的话，那么谁应该负法律责任？是不是实验室或者实验室的负责人？这不仅是民事责任，可能还涉及刑事责任。为此，律师向科学家们提出了大量有关这方面的问题，而科学家们对"重组 DNA"本身都不是很了解，对与其相关的法律问题更是一无所知了，因此只好拒绝回答。会议进行了一段时间后，会议主席保罗·伯格发现大家很难达成统一意见，因此就让与会者自由发言，而不是由自己来主导会议进程，这样会议就变成了一场大规模的自由讨论。与会专家就应该禁止"重组 DNA"研究还是继续"重组 DNA"研究争论不休。有些年轻的研究者担心他们建立在"重组 DNA"技术基础上的研究生涯将毁于一旦，有些则认为不应该进行此项研究，因为对它还没有足够的认识。沃森也参加了这次会议，他一直为自己在禁止"重组 DNA"研究的公开信上签字而感到后悔，这次他不想再后悔了。在会上，他力陈重启"重组 DNA"的研究。沃森说："因为某种不可知的危险而禁止'重组 DNA'的研究是不负责任的做法，大量的癌症患者都在病痛中苦苦挣扎，而'重组 DNA'可能是他们唯一的希望，为什么要停止研究呢?"

尽管沃森等人大声疾呼，但仍未能消除其他科学家的疑虑。不过时任剑桥大学教授的布伦纳提供的一份数据，使人们对"重组 DNA"的安全性问题有了更深刻的了解。布伦纳提供的数据是关于 K-12 大肠杆菌的，K-12 大肠杆菌是一种在实验室中普遍使用的大肠杆菌。除了少数大肠杆菌以外，大部分的大肠杆菌都是无毒的，但 K-12 大肠杆菌是否无毒当时并没有确切的数据，布伦纳假设它无毒。布伦纳将 K-12 大肠杆菌加入牛奶之中，然后把牛奶喝光（这显然需要很大的勇气），之后他通过检测自己的排泄物来查看 K-12 大肠杆菌是否在自己的肠道内繁殖，但他没有发现任何 K-12 大肠杆菌细胞。这说明 K-12 大肠杆菌虽然可以在实验室里的培养基内生存，但在自然的环境中 K-12 大肠杆菌是无法生存的。由这个实验可以看出 K-12 大肠杆菌是一种绝对安全的大肠杆菌，它能够在实验室中生存，但不能在自然环境中生存，所以可以用它来充当实验材料，这样就可以解决"重组 DNA"的安全性问题。不过有人提出了相反的意见，他们认为即使 K-12 大肠杆菌在自然的环境中无法生存，但并不意味着它们不能和其他能在人类肠道内生存的菌种交换质粒或其他的遗传信息，因此经过"重组 DNA"技术改造的基因还是有可能进入人体肠道细菌之中，危害人类的健康。对于这种诘难，布伦纳的回应是这只是一种技术上的问题，可以通过技术来解决，其关键在于确保 K-12 大肠杆菌绝对无法在自然环境中生存，例如科学家在"重组 DNA"时，可以对 K-12 大肠杆菌进行改造，使其在只有特殊养分的时候才能够成长，而这些养分是在自然界中无法取得的，这样就可以防范"重组 DNA"研究可能带来的风险。

布伦纳的提议在会上起了重要作用，它说明采用特定的技术手段是可以规避"重组 DNA"的风险的，这也部分减少了科学家的担忧，但却并没有消除部分科学家的疑虑。最后会议综合两方面的意见，决定允许科学家研究那些不会致病的病菌，但在进行涉及哺乳动物 DNA 研究的时候，必须使用昂贵的设备。生物研究中的动物被区分为几个风险等级，风险等级越高，对研究的限制也就越大。这实际上是将绝大多数的生物学家排除在了"重组 DNA"研究之外。此外这种限制也是不科学的，例如可以研究蟾蜍的 DNA，但不能研究牛的 DNA，实际上蟾蜍也能让人长肿瘤。对科学研究加以非常严格的限制实际上会阻碍科学研究的发展。就像沃森所说的那样，与会代表"既想表示负责，又希望不要停止与会者中任何一人的研究工作"。如此，通过这样一个折中的宣言就不足为奇了。沃森对此曾提出尖锐的批评："怎么能对推测性的风险立法？"但 1975 年之后，美国国家卫生研究院以第二次阿塞洛马会议为基础提出了一整套的方案，正式颁布了管理条例，对"重组 DNA"的研究进行了严格的限制。尽管沃森对此很不满，但他没有想到的是更大的风波还在后面。

第三节　弗兰肯斯坦重现

《弗兰肯斯坦》（又译为《科学怪人》）是英国诗人雪莱的夫人玛丽·雪莱创作的一部小说，1818年印行。小说讲的是一个人造生命的故事。主人公弗兰肯斯坦是一位天才的医生，他想依靠自己的力量创造一个非自然的生命。为此他到墓地里偷了一些经过自己精心挑选的尸块，然后以自己的专业知识把还能用的尸块拼在一起，造出了一个怪物，它身高2.5米，相貌可怖，但又有几分像人。弗兰肯斯坦造出这个怪物之后就后悔了，他想杀死这个怪物，结果这个怪物出于本能逃走了。在人类的世界，怪物学会了语言，懂得了什么是爱，什么是感情。它渴望能够融入人类的世界，但是因为相貌丑陋，不为人类社会所容，没有人愿意接受它的好意，所有人都拒绝它、驱赶它。它向往爱情和幸福，但得到的却是谎言和追捕。为了不再孤独，它请求科学家再给它造一个同类。然而弗兰肯斯坦不愿再造另外一个怪物，在制造过程中故意把要制造的怪物毁掉了，因此遭到了可怕的怪物的报复，最后二者同归于尽。

《弗兰肯斯坦》在西方世界影响很大，弗兰肯斯坦此后在英文中就成了被自己制造的东西毁灭的科学怪人的代名词。从本质而言，《弗兰肯斯坦》并不是一部科幻小说或恐怖小说，它更多的是对爱的讴歌，对真、善、美的赞美，科幻和恐怖只是它的表达方式。不过在改编成戏剧和电影之后，人们更多注意的是怪物的恐怖形象和疯狂的科学家，对科学可能制造出怪物的恐惧从此成为西方世界民众心中挥不去的梦魇。当"重组DNA"的技术出现之后，人们吃惊地发现，弗兰肯斯坦已经不再是小说的幻想，而是成为现实了。现在科学家已经掌握了创造生命的技术，如果他们像弗兰肯斯坦那样制造科学怪物，人类的末日岂不是要到了吗？恐慌的心理像瘟疫一样流传开来。

在"重组DNA"的研究中心——美国，这种恐慌情绪尤为严重。此时美国人刚刚经历过"水门事件"。"水门事件"让美国民众对那些道貌岸然的大人物彻底丧失了信任，本来就有的反智倾向进一步加深。当"重组 DNA"的消息传开后，大众无力去理解那些复杂的生物学名词，径直把生物学家和尼克松画上了等号，人们更愿相信一群生物学家在黑暗的实验室里制造怪物的想法，而科学家们宣称的生物科技对人类的好处在人们眼里也成了异类。人都是要死的，如果像科学家宣传的那样可以改造基因，让人活得更好，更长（甚至几百年），那人还是人吗？一时间，分子生物学家的社会形象急剧恶化，成了邪恶的化身。例如在"重组 DNA"研究中功不可没的博耶就发现自己在旧金山小报《伯克利毒蛇报》的万圣节特刊中名列当地"十大妖怪"之一。在大众看来，不是分子生物学家在制造"妖怪"，而是他们本身就是"妖怪"。这倒不能怪大众，因为就连科学家都对"重组 DNA"的风险都一无所知，一般民众对此恐慌显然是很容易理解的。

由于美国是"民主国家"，公众的恐慌很快就反映在公共政策的制定上了。很明显，如果哪个众议员提出禁止"重组 DNA"研究的议案，他无疑会受到公众的支持，而在下一次选举中他所得的选票就越多。这样就意味着会出现这样的情况：将产生最严苛的法律，规定可做或不可做的实验，或者干脆禁止实验；任何的实验计划都要报请特定的委员会批准，只有没有任何"风险"的研究才能被准许。而这是分子生物学家们最害怕的，如果这真的成为现实的话，那无疑是宣布了分子生物学的死亡，因为任何实验在逻辑上都是有风险的。为了防止这种可怕的情况发生，在"重组 DNA"成为大众话题后，分子生物学家和政治家的论战就没有停止过。

1976 ～ 1977 年，论战进入了高潮。1976 年秋天，立法的鼓吹者开始为制定禁止"重组 DNA"的法律奋斗。为此，参议院爱德华·肯尼迪（肯尼迪家族的重要成员，曾 7 次成功连任参议员）专门主持召开了一个听证会，在这个听证会上加州理工学院教授罗伯兹一语双关地说："'重组 DNA'技术是一种和原子裂变同样需要成功的技术。"在听证会后罗伯兹坦言原子裂变是一种首次让人们对知识后果产生怀疑的技术，他的这种说法显然加深了人们对"重组 DNA"技术的疑虑。在听证会上，爱

BUILD
WISDOM
NOT
CONTAINMENT

He hath
shewed thee
O Man what is
good And what
doth the LORD ✚
require of thee
but to do Justly
and to Love ✚
Mercy and to
w— humbly
Thy G—

MAYOR
ALFRED VELLUCCI

德华·肯尼迪本想听听企业界的意见，但在科学家们对"重组 DNA"都所知不多的情况下，企业界并没有开展这方面的应用研究。这次听证会使爱德华·肯尼迪对"重组 DNA"研究留下了负面印象，会后他专门写信给当时的美国总统福特，建议美国政府限制学术界与企业界进行"重组 DNA"的研究。

在爱德华·肯尼迪听证会举行后一个月，"重组 DNA"研究的支持者和反对者又出现在了纽约州总检察长莱弗特科维茨主持的听证会上。这位总检察长鼓吹纽约制定一项严格限制"重组 DNA"研究的法律，支持莱弗特科维茨总检察长这一计划的有查哥夫等著名科学家。而珀拉科等科学家则认为美国国家卫生研究院颁布的管理条例已经有效解决了对"重组 DNA"研究的管理问题，如果再加以立法，那无疑会使"国家卫生负责人成为科学家们各自研究项目的唯一仲裁者"，这只会妨碍生物学的研究。尽管珀拉科是最早对"重组 DNA"技术提出质疑的人，但他知道注意"重组 DNA"研究的安全性并不意味着要禁止这项研究。

同这两派人不同，沃森坚决主张反对任何对"重组 DNA"研究的限制，他在听证会上说："我们每天都吃进 DNA，每次我们生吃胡萝卜的时候，有益的胡萝卜素就进入了我们的食管。"他还把人们对 DNA 的恐慌同"古巴导弹危机"（因苏联在古巴部署导弹而引发的危机，这次危机在当时险些导致核战争，后因苏美各自退让而结束）时美国大修原子掩体相比，认为这是反应过度。沃森还说："把这件事（重组 DNA）说成是处在危险边缘，同其他许多真正的危险相比，简直是一个笑话。我们现在变得和孩子们一样了，他们喜欢讨论妖怪，因为他们知道自己绝对不会碰到妖怪。"

尽管遭到沃森等生物学家的坚决反对，但很多政客们显然是不会放过这个出风头的好机会的。麻省（马萨诸塞州）剑桥市市长维路齐就是其中一个，虽然麻省剑桥市有世界一流的学府哈佛大学和麻省理工学院，但这个城市的人们却因此产生了反智倾向，对科学研究不屑一顾。维路

麻省剑桥市的听证会（左页图）
此听证会最后造成了全市禁止进行"重组 DNA"的研究。

齐利用这种心理，把"重组DNA"研究当成了一个炒作的话题，上演了一出精彩的政治秀，为自己赚足了眼球。当时的报纸是这么描述的：一身暗红色的夹克和黑长裤，一件遮不住啤酒肚的黄条纹衬衫，再加上鼓鼓的口袋和歪斜着的牙齿。维路齐代表着一般美国人对科学家、技术官员和自命不凡的哈佛书呆子的印象。这些人自以为可以改变世界，结果却留下了一堆烂摊子，最后面对这些烂摊子的人是谁？不是这些科学家、技术官员或哈佛书呆子，而是维路齐和一般的美国老百姓，最后的烂摊子还得他们收拾。

维路齐的行为对哈佛大学和麻省理工学院来说可是一场大灾难。在第二次阿塞洛马会议召开之后，哈佛大学的生物学教授曾建议在校内修建防护措施，在遵守国家卫生研究院的规定的前提下，率先进行"重组DNA"的研究，以抢占生物学研究的前沿。然而维路齐却设法使议会通过一项禁止进行"重组DNA"研究的法律，这不仅使哈佛大学以及麻省理工学院无法进行"重组DNA"的研究，还导致两校的分子生物学专家大量流失，这些专家纷纷前往能够进行"重组DNA"研究的地方继续从事研究。哈佛大学和麻省理工学院的分子生物学因此遭受重创，而维路齐却因此获得了社会卫士的美誉。这使他进一步利令智昏，1977年，他向美国科学院写了一封信，这封信很有意思，现抄录如下：在今天出版的《波士顿先锋美国人报》上，有2则报道让我很担心。在麻省，有人看到了一只"怪异的橘眼生物"；在新罕布什尔州的豪利斯市，有位父亲和他的2个儿子遇到了一只"高达9英尺（1英尺=0.3048米）的多毛生物"。我郑重要求贵院对这些发现进行调查，并希望贵院能够调查这些怪物与在纽约进行的"重组DNA"实验是否有关。

对维路齐之流的无耻之言，沃森进行了坚决的反击。他在康奈尔大学的一次讲演上说："我宁愿吃几克带DNA重组体的K-12大肠杆菌，也不愿意被邻居家的狗舔舐。"他还说："自己感到自己像在一个滑稽剧场表演，而这个剧场的所有演艺人员都是一群疯子、可悲的失败者和十足的卑鄙小人。这些疯子是政治投机分子、空谈的传教士、冒牌的环保主义者。可悲的失败者是过去 20 年来从事 DNA 研究失败的那群人。他们攻击'重组 DNA'不是因为惧怕它,而是想利用它作为对美国制度及其科学院研究总攻击的一部分,他们的本质是要拒绝现代文明。"1977 年 3 月,沃森到加州理工大学参加有关"重组 DNA"研究的听证会,在这里他遇到了加州州长布朗。他对布朗说:"除非斯坦福大学的研究人员罹患不明疾病,否则就不应该立法禁止'重组 DNA'的研究。如果那些研究人员都很健康,立法者工作的重心就不应该在这里,他们应该关注那些对民众的健康造成威胁的事情,如儿童过度肥胖等,这样才能更好地为民众服务。"

这时其他知名学者也纷纷发表意见,对阻挠"重组 DNA"研究的行为进行了抨击。加州理工大学圣塔克鲁斯分校校长辛谢默说:"一个人,不管他有多优秀,突然站出来说我害怕,然后就希望全世界为此停下来,这简直是无稽之谈。"科恩说:"这是一种莫名其妙地对未知事物的恐惧,它掩盖了'重组 DNA'在诸如疾病、饥饿、有毒物质降解等方面的应用。"保罗·伯格说:"有人建议再等几年,等发现了比大肠杆菌更安全的生物再进行'重组 DNA'的研究,实际上这种想法是很荒谬的,因为根本不可能发现那种更安全的生物。"科恩伯格的言论尤为激烈,他在写给美国国家卫生研究院主任弗雷德里克的信中说:"现在最可怕的不是遥远的生物战的可能性,而是生物学本身的论战。"

一些政治家此时也站了出来。纽约州州长凯里否决了议会通过的一项管制"重组 DNA"研究的法律,他说:"我们不应该告诉科学家应该做什么,不应该做什么。"沃森对加州州长布朗的话也起了作用,原来准备通过的法案也搁浅了。在美国众议院,力推通过"重组 DNA"的法案的众议员罗杰斯同他所在的委员会主席斯塔杰斯关系不睦,因此抗议通过该法案的信像雪片一样飞向了斯塔杰斯,结果罗杰斯的法案根本就没有被委员会提出,自然也就流产了。爱德华·肯尼迪参议员本想提出一份议案,但这遭到了哈佛大学的反对,失去生物学领头羊位置的哈佛大学不想再犯错误了,他们不断游说爱德华·肯尼迪,说如果这个议案通过,将导致马萨诸塞州的制药业遭到毁灭性打击。爱德华·肯尼迪就是马萨诸塞州的参议员，如果自己的行为导致选区制药业破产，那无疑意味着自己政治生涯的结束，因此爱德华·肯尼迪被迫撤回了法案。在政治的角力中，一项限制"重组DNA"研究的法案也没有通过，这让生物学家们欣喜若狂。沃森说："这说明'重组DNA'不再具备任何政治意义，媒体的歇斯底里在失去靠山之后也就难以为继，不会折腾太久了。"

现在摆在分子生物学家面前的只有美国国家卫生研究院那个严格的管理条例了。不过"实践是检验真理的唯一标准"，按照美国国家卫生研究院或其他管制机构的规定，越来越多的实验都表明，"重组DNA"不会制造出"妖怪"，也不会对研究人员造成伤害（把研究人员变成"妖怪"）。正像沃森在1978年所写的文章中说的那样：就以D字母开头的东西来说，DNA还是比较安全的，与其大肆宣扬实验室中制造的DNA会导致人类灭绝，还不如担心炸药、狗、匕首、醉酒（以上单词均以字母D开头）等给人类造成的伤害。同年底，美国国家卫生研究院"重组DNA"咨询委员会在华盛顿提出了新的管理条例，原来的很多研究限制都被取消，包括肿瘤DNA研究等绝大部分研究都得到了允许。1979年，美国卫生和人类服务部部长卡里法诺批准了美国国家卫生研究院新的《重组DNA管理条例》，历时5年的争论至此结束。但这使分子生物学的研究停滞了5年时间，这是让人颇感遗憾的。

第五章
人类基因组计划

第一节　人类基因组

我们知道，基因决定着生物体的性状，一个人长得高、矮、胖、瘦、美丽或者丑陋，都是由基因决定的。在生物学研究的初期，生物学家的关注点都在于一个或几个基因，着眼于它们是如何起作用的。但随着研究的深入，科学家们发现，对少数基因的研究远远不够。这就像研究人类的心脏一样，如果永远只研究心脏是得不到结果的，只有研究整个人体，把心脏放在整个人体的框架内，才能最终找到心脏的功能和运行原理。基因也是一样，如果想了解基因的作用，进一步了解生命的遗传过程，也要把基因放在基因整体即"基因组"的框架内来进行研究。

对于人类来说，人类的基因组就是人的遗传组成，是存在于每个细胞核中的遗传指令。由于每个人都从父母那里各遗传了一个染色体复本，这使得每个基因都有两份，所以每个人实际上有 2 个基因组。世界上的生物种类繁多，基因组大小相差很大。那人类的基因组有多大呢？从人的一个单一细胞的 DNA 数量的测定值来估算，人类基因组大约包含 30 亿个碱基对，也就是说包含 30 亿个腺嘌呤、鸟嘌呤、胸腺嘧啶和胞嘧啶。

基因组并不仅仅是一个基因的列表，它还对何时、何地产生基因的信息进行了整合。例如在胚胎发育的过程中，一个单细胞经过发育成为一个多细胞的生物体，在此过程中发生的变化需要一整套基因高度协调的表达。又比如在抵抗细菌入侵的时候，也需要复杂的基因间的相互作用来组织合适的抵抗模式。基因组包含着对信息的全局性、系统性的控制。

佛祖释迦牟尼曾经说过，人生有四苦：生、老、病、死。其实这四苦都与基因密切相关（意外死亡除外）。人的生长受基因控制，这自不待言。人的衰老也同基因有关，人体衰老所呈现的一些效应，在一定程度上反映出基因在人一生中所积累的突变。除了遗传病这些同基因密切相关的疾病之外，像麻疹和普通感冒这样的普通疾病，也同基因有关，因为人体的免疫系统是由基因控制的。而正是衰老和疾病导致了绝大部分的死亡。老、病、死都会给人类带来痛苦（生虽然会带来痛苦，但同时也会带来幸福），虽然死亡不可避免，但延缓衰老、减少疾病却是每个人的梦想。那如何实现呢？这个问题的答案就在基因里，如果想延缓衰老，减少疾病，就要了解与之相关的基因，而从上文中我们已经知道，这就需要对人类的基因组有一个全面的了解。

对人类基因组的研究的意义并不只限于此。从达尔文的进化论中我们已经知道人类和黑猩猩都是由古猿进化而来的，因此人类的基因和黑猩猩的基因是极为相似的。人类和黑猩猩的受精卵在形成之时，从表面上看几乎是无法分辨的。但人的受精卵只能长成人，黑猩猩的受精卵只能长成黑猩猩，这其中的原因在哪里呢？世界上人类的基因 99.9% 以上都是相似的，但为什么人与人之间有这么大的差异呢？有白种人、黑种人和黄种人之分，为什么每个人都是不一样的，为什么人与人的指纹都是不同的。这些都需要向基因组寻求答案，基因组可以让人类深入了解自己的本性。

尽管人类基因组是如此重要，但由于它过于庞大，含有的碱基对高达 30 亿个，所以，即使到 20 世纪 80 年代中期人类基因组计划开始发轫时，还有人认为这是做白日梦。虽然桑格和吉尔伯特发明 DNA 定序技术后，在技术上，测定人类基因组已经成为可能，但如果按照桑格等人发明的技术来测定，那至少需要1000年才能绘出人类基因组的草图，很显然没有哪个科学家能活那么长的时间。另外，进行如此大的一个项目，它所需要的资金也可以说是一个天文数字。由于这些原因，尽管科学界都认识到了测定人类基因组的重要性，但测定人类基因组的工作却迟迟未能开展。而一个望远镜使人类基因组计划出现了曙光。

20世纪80年代初，加利福尼亚大学的天文学教授们提出了一个兴建望远镜的计划，希望能建一个世界上最大、功能最强的望远镜，望远镜的预算大约为7500万美元。按照惯例，这笔钱需要通过向外界募款获得，各大基金会是募款的首选目标。霍夫曼基金会对此慷慨解囊，承诺自己将会提供其中的3600万美元。加利福尼亚大学在感激之下，将望远镜命名为"霍夫曼望远镜"。这虽然使霍夫曼基金会非常满意，却间接导致剩下的3900万美元无法筹集了，谁也不愿意捐款给一个已经命以他人之名的望远镜，这也使雄心勃勃的望远镜计划面临着夭折的危险。幸而更富有的凯克基金会此时介入，表示自己将承担望远镜的全部费用，这要比霍夫曼基金会慷慨得多。加利福尼亚大学对此欣然接受，而霍夫曼基金会不愿屈居于凯克基金会之下，于是撤回了自己的资金。凯克基金会援建的望远镜后来在夏威夷的亚基山山顶上兴建，1993年5月全面启用，它的名字是"凯克望远镜"。

虽然霍夫曼基金会撤回了资金，但它的这笔3600万美元却让加利福尼亚大学的管理人员们垂涎三尺，他们希望这笔钱能投入到大学的其他项目上，什么项目能吸引霍夫曼基金会投资呢？如日中天的分子生物学或许是一个不错的选择。加利福尼亚大学圣塔克鲁斯分校的辛谢默校长就有这样的想法，因为他是一个分子生物学家。他向学校提出了一个建议，希望建立一个研究所，从事从来没人做过的人类基因组定序工作。这可是从来没人做过的前沿研究，或许会引起霍夫曼基金会的兴趣。1985年5月，加利福尼亚大学圣塔克鲁斯分校举行了会议专门讨论辛谢默校长的建议，很多分子生物学界的专家都参加了这个会议。与会专家都认为以加利福尼亚大学一个学校的力量进行人类基因组定序工作纯属异想天开，但霍夫曼基金会的 3 600 万美元又不能不顾，为此会议最终还是决定成立这样一个研究所。不过研究所的研究重点将放在对医学具有重要意义的特定基因组领域，这样既可以弄到钱，又不会把钱扔到水里，可谓两全其美。虽然加利福尼亚大学圣塔克鲁斯分校计划得很好，但霍夫曼基金会没有动心，这场计划最后无果而终，不过这是科学界第一次决定开始做人类基因组的定序工作，影响甚为深远。

按照惯例，世界上最费钱的事都是政府做的，人类基因组计划也是如此。在圣塔克鲁斯会议结束后不久，美国能源部就提出了搞人类基因组计划的建议。这听起来似乎不可思议，不过美国能源部可不是心血来潮提出这样的建议的，这跟它的工作密切相关。当然，能源部的工作是寻找能源，为人类社会的发展提供动力。在能源中有一种叫核能，而核能如果利用不慎，可能会对人体造成伤害。美国能源部因此有专门的资金，研究核能对健康的损害。世界上唯一受到过原子弹攻击的城市就是日本的广岛和长崎，因此广岛和长崎的原子弹爆炸事件幸存者及其后代就成了最好的研究对象。美国能源部每年都有专门的经费，用于研究原子弹爆炸对原子弹爆炸后的幸存者及其后代遗传基因所受到的长期损害。可以想象，没有什么东西比人类基因组的完整参考序列更适合来确认基因在辐射后发生的突变了，鉴于此，美国能源部中某些懂分子生物学的人提出了搞人类基因组计划的建议。

1985 年，美国能源部负责健康与环境研究的负责人德雷斯主持召开了专家会议，正式讨论了人类基因组计划。这在科学界引起什么样的反响是可想而知的，分子生物学界几乎骂声一片。斯坦福大学教授波茨坦痛斥这项计划是"美国能源部给那些失业的核弹专家做的"。美国国家卫生研究院的院长詹姆斯则讽刺美国能源部的计划是"国家标准局提议制造 B−2 隐形轰炸机"。尽管分子生物学家们对能源部这个"门外汉"打人类基因组的主意感到无比愤怒，但美国能源部的介入却使分子生物界感到人类基因组的研究已经到了非开展不可的程度了。美国能源部的计划虽然没有实现，但

它在后来的人类基因组计划中仍发挥了重要的作用，承担了大约11%的定序工作。

1986年，人类遗传学会议在冷泉港实验室召开，会

吉尔伯特（左）和波茨坦（右）在冷泉港实验室争论的情景

议专门讨论了人类基因组计划的可行性问题。科学家吉尔伯特提出了该计划的初步预算，即一个碱基对1美元，这样人类基因组计划共需要约30亿美元。这可不是一个小数目，很多与会专家都担心人类基因组计划会挤占其他项目的研究经费，使人类基因组计划成为日后生物学界的唯一项目。另外，由于人类基因组的测序工作量异常庞大，很多生物学家还担心一旦这个计划实施，那自己的一辈子就可能会消耗在这个项目上了。谁愿意把自己的一生都消耗在永无尽头、索然无味的定序工作上呢？斯坦福大学教授波茨坦在会上说："这个计划将改变科学研究的现状，每个人，特别是年轻人，都会被这个庞大的项目绑住。"

尽管生物学界充满疑虑，但人类基因组研究的前期准备工作仍然紧锣密鼓地开始了。沃森再次发挥了重要的作用，他说服了麦克唐纳基金会，请他们资助美国国家科学院进行相关议题的研究。同时，沃森、吉尔伯特和布伦纳等生物学界的著名科学家组成了一个15人的委员会，开始规划人类基因组计划的具体细节。沃森等人经过研究认为，随着科学的发展，科学的研究成本会逐渐降低。因此为了降低人类基因组研究的成本，可以将该计划大部分的实际定序工作延后，等到成本效益相对平衡后再进行定序工作。在人类基因组研究的前期，应该把重点放在定序技术上，以防止因为定序技术落后浪费大量的时间。为此沃森等人认为应该首先

进行简单生物的基因组研究，这样不仅可以提高基因组定序技术，也可以通过了解简单生物基因组的顺序获得更多有关基因组的知识。

在重视定序技术的同时，沃森等人认为还要重点研究基因图谱，基因图谱表现的是基因在染色体上的相对位置。与基因图谱相对的是实质图谱，实质图谱表现的是基因在染色体上的实际位置。比如通过基因图谱可以知道 2 号基因位于 1 号基因与 3 号基因之间。而通过实际图谱则可以知道 1 号基因和 2 号基因之间有多少个碱基对，2 号基因和 3 号基因之间有多少个碱基对。显然，弄清楚基因图谱的结构是测定人类基因组的基础，弄清楚基因图谱后，测定人类基因组就变得容易多了。

最后沃森等人又估算了一下整个研究需要的经费和时间，他们经过很多复杂的计算，最后确定研究可能需要 15 年时间，每年需要 2 亿美元的研究经费，总共需要 30 亿美元，这同吉尔伯特原先的估算相差无几。30 亿美元多不多呢？其实就高精尖技术研究来说，30 亿美元并不算多，例如每发射一次航天飞机需要 4 亿多美元，人类基因组计划研究所需的经费只相当于发射几次航天飞机。1988 年 2 月，沃森等人正式向美国国家科学院提交了研究报告。

美国国家卫生研究院等生物学界的顶尖研究机构都对沃森等人的计划表示赞成，并表示要参加到这个计划中来。美国国家卫生研究院为此成立了专门的人类基因组办公室，并邀请沃森担任办公室的负责人。机构建立了，计划也有了，剩下的问题就是钱了，而钱的问题是最难解决的。为了筹集到经费，沃森多次到美国参众两院负责审查国家卫生研究院预算的卫生小组委员会同议员们面谈，争取国会向人类基因组计划拨款。为了争取到议员们的支持，沃森大谈人类基因组序列对医学的影响，并暗示将会帮助人类攻克癌症，这显然是议员们易于接纳的。经过多次努力之后，沃森申请到了 1800 万美元，不过这比他预计的 3000 万美元少了 1200 万美元。最早开展这一计划的美国能源部也参加了研制计划，它们带来了 1200 万美元的研制经费。不过这加起来也只有 3000 万美元，按照沃森等人原来的估计，人类基因组计划一年需要的研究经费是 2 亿美元，3000 万美元只够研究进行两三个月，这点钱显然是远远不够的。为此沃森不断要求国会追加经费，这样"要钱"就成了他日常生活中最重要的工作。

当时的美日之间的竞争帮了沃森的大忙。20 世纪 80 年代，日本制造业发展迅速，美国汽车在日本汽车的冲击下岌岌可危。而日本的高科技这时也在迅速发展，很多美国人都担心继汽车之后，美国高科技产业也将被日本摧毁。这时又有传言说日本已经开始了人类基因组的研究（后来证明是误传），那怎么办呢？显然需要立即采取行动，美国的人类基因组计划在日本竞争者的压力下骤然提速。1989 年 11 月，美国国家卫生研究院人类基因组办公室正式升级为人类基因组研究中心，沃森被任命为首任主任，国会的大批拨款也开始源源不断地汇入了研究中心。1990 年，美国政府提出了 1.8 亿美元的预算，经众议院阻挠后变为 7100 万美元。1991 年，老布什政府在下台之前向美国国家卫生研究院人类基因组研究中心提供了 1.1 亿美元，向美国能源部的研究机构提供了 5900 万美元。与此同时，大量的人类基因组研究中心也在美国各地建立，如华盛顿大学、斯坦福大学、加利福尼亚大学旧金山分校、密歇根大学安娜堡分校、麻省理工学院等都建立了专门的基因组研究中心。人类历史上最伟大的科学研究计划开始走上了快车道。

第二节　宏伟的计划

几乎从一开始，沃森就没打算依靠美国自己的力量来完成这样一个宏伟的计划。毕竟这是人类的基因组，应该集中全人类的智慧来完成这个任务。为此，人类基因组的研究采取了国际合作的方式。美国负责半数以上的工作，其余主要由英国、法国、德国和日本负责。沃森在分配时把基因组依照不同的部分分配给了不同的国家，如把 21 号染色体分配给了日本，这样每个国家都有了具体的目标，也有了研究动力。可以说在人类历史上，从来没有这么多智慧的头脑被集中在一起，共同为同一个目标奋斗过。

1999 年，中国也加入到这个伟大的计划之中。占世界人口 1/5 的中华民族，在遗传学的研究上缺席的时间太长了。自孟德尔提出遗传学定律以来的 100 多年时间里，世界遗传学的发展突飞猛进，并在 20 世纪下半叶进入到分子领域。而中国因为战乱频仍，国力不振，一直未能为遗传学的发展做出自己的贡献。到 20 世纪末，中华民族终于走上了伟大的民族复兴之路，在人类基因组计划的研究中也终于有了中国人的声音。在人类基因组研究中，中国大陆和中国台湾的科学家各自组成了研究团队，都为人类基因组计划做出了自己的贡献。

1999 年 7 月 7 日，中国科学院遗传研究所人类基因组中心注册参与了国际人类基因组计划。同年 9 月 1 日，在伦敦召开的第五次人类基因组战略会议上，中国正式成为参与国际人类基因组研究计划的国家。中国科学院遗传研究所人类基因组中心承担的工作区域位于人类 3 号染色体短臂上。由于该区域约占人类整个基因组的 1%，因此简称"1% 项目"。"1% 项目"由中国科学院遗传学研究所人类基因组中心暨北京华大基因研究中心（具体实施部门）、国家人类基因组北方、南方研究中心共同实施，中国科学院遗传学研究所所长杨焕明教授任计划总负责人。在各研究团队的通力合作下，中国大陆遗传学家在 2001 年 8 月提前完成了自己承担的任务。与此同时，由中国台湾地区荣民总医院、阳明大学遗传学家组成的"荣阳团队"在蔡世峰教授的带领下也参与了对 4 号染色体的测序工作，完成了占人类基因组 0.3% 的测序任务。继沃森之后担任国际人类基因组计划总协调人、美国国家人类基因组研究中心主任的柯林斯博士对此评价说："国际人类基因组计划是一项全球科学家共同参与的伟大事业，在这个划时代的里程碑上，已经深深地刻下了中国和中国人的名字！"

在人类基因组计划实施之前，沃森已经指出，计划的重点在于找到更好的 DNA 定序方法，这不但可以加快工作的速度，还可以降低成本，例如如果每个碱基对的测量成本能降低到 50 美分，那整个计划就可以省下15亿美元。科学家们的潜心研究并没有导致大量新的DNA定序方法问世，最后通过改进原有的方法和自动化才加快了DNA定序的速度。不过一项技术的发明却对加快DNA定序工作起到了重要作用，这就是聚合酶链式反应(PCR)的发明。

一般来说，要对一段特定的DNA片段定序，就需要大量的该段DNA。而制造大量片段的方法就是科恩和博耶发明的方法。具体流程是先取出DNA片段，然后将它插入质粒，之后把经过改造的质粒插入细胞。这样细胞就会复制先前插入的DNA。在细胞长到足够数量时，从整个细菌菌落所有的DNA中取出想要的DNA片段就可以进行研究。从上述工作程序可以看出，科恩和博耶的方法是非常烦琐和复杂的，而聚合酶链式反应的发明使这一过程大大简化了。

聚合酶链式反应的发明人是莫里斯博士。莫里斯1944年12月28日出生于美国南卡罗莱纳州的里诺市，少年时因成绩太差无法进入哈佛、耶鲁等名校，只好考入了乔治亚理工学院，并于1966年获得了化学学士学位。之后进入加利福尼亚大学伯克利分校攻读研究生，1972年以一篇讨论宇宙物质平衡的论文获得了博士学位。博士毕业后莫里斯一度留校任教，在当了4年教书匠后，他到堪萨斯大学医学院攻读博士后。在攻读博士后的同时，他加入了西特斯生物科技公司，成为该公司一名研究DNA的化学技术员，1979年他博士后毕业后成为该公司的专职研究人员。莫里斯发现聚合酶链式反应的经历很有传奇色彩，他日后回忆说："1983年4月一个星期五的晚上，我手握本美喜多

聚合酶链式反应的发明人——莫里斯

房车的方向盘，沿着蜿蜒曲折的山路开往加利福尼亚州北部的红杉林区，就在这时，我脑子中突然有了这个构想。"这就是说，聚合酶链式反应是莫里斯在开车时想出来的。不过这个突发奇想给莫里斯本人以及世界带来的变化却是莫里斯开 1 万次车也想象不出来的。在莫里斯提出自己的天才构想后，西特斯生物科技公司奖励给他 1 万美元。不过更大的奖励还在后面，在莫里斯的设想引发生物学上的革命后，瑞典皇家科学院也注意到了莫里斯这位天才，1993 年，莫里斯成为诺贝尔化学奖得主。"聚合酶链式反应（PCR）"专利起初归属于西特斯公司，后被西特斯公司以 3.35 亿美元的天价卖给了瑞士罗氏制药公司，从而成为当时最贵的专利。莫里斯在 20 世纪 80 年代成为众多核酸企业的顾问，90 年代后逐渐淡出学术界和企业界，以讲演、周游世界以及写作为生。不过由于他的一些观点，比如他认为艾滋病不是由 HIV 病毒引起的等等，使他的可信度受到质疑，他推动公共卫生的努力也打了折扣。

莫里斯所提出的聚合酶链式反应是一种利用酶对特定基因做体外或试管外大量合成的技术，它的原理非常简单。第一步是在目标 DNA 片

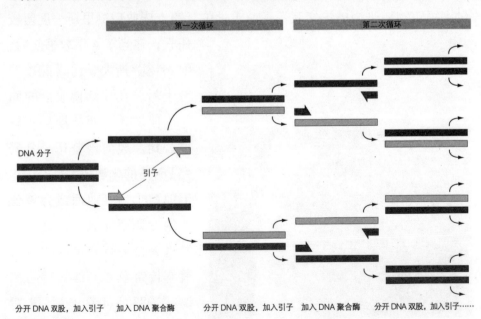

聚合酶链式反应

段两端用化学方法分别合成一个"引子"（这两个"引子"一个被称为前置引子、一个被称为后置引子），"引子"就是短链的单股 DNA，长度大约有 20 个碱基对，这两个引子与目标 DNA 片段的两端具有互补的序列。第二步是对目标 DNA 片段进行加热，当加热到 95℃ 以上时，目标 DNA 片段的双链就会分开，变成两个单链。然后将"引子"与模板 DNA 片段结合，这样在两个单链模板 DNA 的一端，就会形成一个长为 20 个碱基对的双链 DNA。而 DNA 聚合酶（这种酶能把游离的碱基拼合到单链 DNA 上的互补位置，以此复制出 DNA）在 DNA 已经是双链的位点上会发生作用。DNA 聚合酶会从"引子"和模板片段互补结合后所形成的小段双链 DNA 启动，由每个"引子"开始制造与模板 DNA 互补的链，从而复制出目标片段，当重复这个过程的时候，目标 DNA 的数量就会以 2n 的速度增长。这样在很短时间内，就可以制造出大量的 DNA 片段。

　　虽然用聚合酶链式反应可以在短期内制造出大量的 DNA 片段，但由于 DNA 聚合酶在 95℃ 时会被摧毁，所以每次重复制造的时候都要再次加入 DNA 聚合酶。1 次循环加入的 DNA 聚合酶的价格是 1 美元，如果进行 40 次循环的话就是 40 美元，如果多次循环的话成本就太高了。因此，尽管聚合酶链式反应在技术上很完美，但由于其成本太高，所以在发明后一段时间里并未投入使用。幸而一名中国女人的智慧使这个棘手的问题变得容易了，她的名字叫钱嘉韵。钱嘉韵出生于中国台湾，富饶的宝岛使她天生就有了一个聪明的头脑。1973 年，她到美国俄亥俄州辛辛那提大学留学，就读于该校生物系。她的导师崔拉对一种在黄石公园的热泉里发现的嗜热菌感到很好奇，就让钱嘉韵和另外一名美国研究生以该嗜热菌为主题作研究论文。在另一位老师的指导下，钱嘉韵学会了从细胞中分离蛋白质，并自己独立从嗜热菌中分离出了耐高温的 Tap DNA 聚合酶。1975 年，钱嘉韵获辛辛那提大学生物学硕士学位，毕业后转入爱荷华大学攻读生物学博士，1976 年，钱嘉韵的论文在《细菌学杂志》上正式发表，她的发现日后成了解决聚合酶链式反应经济性问题的钥匙。1982 年钱嘉韵学成回台湾，现供职台湾阳明大学神经学研究所。

钱嘉韵的论文后来被莫里斯发现，莫里斯当时就认识到 Tap DNA 聚合酶的重要意义。这种聚合酶可以耐高温，如果在聚合酶链式反应中使用 Tap DNA 聚合酶的话，那成本无疑会大大降低，不过由于莫里斯做事拖沓，这项工作后来是由西特斯公司其他的研究人员做的。这些研究人员按照钱嘉韵在论文中提出的方法，很快就分离出了 Tap DNA 聚合酶。1986 年 6 月，Tap DNA 聚合酶首次用于聚合酶链式反应，结果发现效果出奇的好，聚合酶链式反应从此正式投入使用，并成为人类基因组计划测序工作的主要工具。早期实验室进行聚合酶链式反应的工作都是研究生做的，现在世界各先进实验室聚合酶链式反应都已经实现自动化了，各实验室都有了由机器人控制的生产线，而不再需要研究生们充当苦力了。

DNA 定序法作为科学家们的主要工具也得到了改进，虽然科学家们使用的仍是桑格以前的老办法，但通过定序自动化，科学家们实现了大规模操作的目的。自动化定序最早是由科学家胡德负责的加州理工大学实验室发展起来的。胡德在少年时代曾是学校球队的队员，少年的球员生涯使他具备了良好的团队精神，这对他以后的学术工作不无裨益。在成为加州理工大学实验室负责人后，他以兼容并包的精神吸纳各地人才，使加州理工大学实验室迅速成为世界上的顶级实验室之一。

在加州理工实验室研究 DNA 定序技术时，加州理工大学实验室研究人员汉卡皮勒觉得桑格的方法太慢，想改进一下桑格的办法。他提出的方法是对 4 种不同的碱基分别使用不同的染色剂，这样可以将测定定序反应的工作量由 4 次减少为 1 次，将使用的胶体数量由 4 个减少为 1 个。汉卡皮勒将自己的想法告诉了朋友——激光专家史密斯，史密斯认为使用不同染色剂的最大难题在于其难以探测，不过史密斯很快就找到了解决方法，即采用在激光下会发出荧光的特殊染色剂。这样不仅可以减少工作量，检测后得到的信息还可以直接输入电脑，实现了定序工作的自动化。1983 年，汉卡皮勒离开加州理工实验室，进入应用系统制造公司，在他的主持下，该公司率先生产出了史密斯—汉卡皮勒定序仪。用可以迅速将 DNA 片段按大小分类的细长毛细管取代了笨拙的胶体，DNA 定

自动化定序仪输出 DNA 序列

序的速度因此大大加快。随着时间的推移，史密斯—汉卡皮勒定序仪的速度越来越快，最新一代的史密斯—汉卡皮勒定序仪每天可以定序50万个碱基对，这意味着用一台史密斯—汉卡皮勒定序仪在不到20年的时间内就可以完成全部碱基对的定序工作。人类基因组计划也因此才得以快速进行。

　　解决了技术上的问题后，人类基因组的研究重点就放在了基因图谱上。起初科学家想找到整个基因组的粗略轮廓，使他们得以决定序列中每个区段的位置。科学家们初期以人造酵母菌染色体作为研究材料，把大块的人类DNA片段植入酵母菌细胞内，这些植入酵母菌细胞内的人类DNA片段就被称为人造酵母菌染色体（简称YAC），这些人造酵母菌染色体会同正常的酵母菌染色体一起复制。但当科学家进一步将100万个碱基对的人类DNA片段拼入单一的人造酵母菌染色体时，发现会出现DNA片段更换位置的现象，人类基因组专家的目的就是要找出基因的顺序，如果找到的是更改的顺序那还有什么意义呢？为此科学家们更换了方法，采用了人造细菌染色体（简称BAC），这种染色体比较小，只有10万到20万个碱基对，因此即使有换位现象也不是很多，华盛顿大学人类基因组研究中心在人造细菌染色体上着力最深，做出的贡献也最大。

　　解决基因图谱问题的另一个问题在于基因标志。虽然人与人之间绝大多数的基因都是相同的，但两个人染色体上的同一段DNA上总会有1个或1个以上的碱基对不同，这些不同的位点被称为基因标志。以基因标志作为地标，就可以破解整个基因组的结构之谜。寻找基因标志的工作主要是由法国研究机构完成的，同其他国家不同，法国人类基因组研究机构主要经费不是国家赞助的，他们的资金大部分来源于法国肌肉萎缩病协会。显然许多深受诸如肌肉萎缩疾病之苦的病人都希望人类基因组计划能够早点成功。

人类基因组的研究是漫长而艰苦的，有人为了缩短研究的时间，提出了走捷径的方法。他们认为在人类基因组中包含许多不负责编码工作的 DNA 片段，那测定这些 DNA 片段有什么意义呢？他们认为不需要测定整个基因组，只测定那些起编码作用的 DNA 片段就可以了。这就有一个简单的方法，从任一组织中纯化出信使 RNA 样本，然后利用反转录酶（下文有详细介绍）制造出这些基因的 DNA 复本，之后定序这些 DNA 复本就行了。这种方法听起来很好，但实际上是行不通的。在上文中已经提到，人类基因组不单单是基因的一个大杂烩，它还包含着控制基因运行的机制，而这种机制正需要对整个基因组有全面地了解才能掌握。因此没有什么捷径可走，只有踏踏实实地测定人类基因组才是最后解决问题的方法。

当美国、日本、英国、法国、德国、中国 6 国科学家全力从事人类基因组测定的工作时，他们的面前突然出现了一个来自民间的竞争对手，一场科学上的竞赛开始了。

第三节　一个民间的竞争者

由于人类基因组在商业上具有巨大的潜在利益，几乎从一开始，它就成了一些野心勃勃的"知本家"觊觎的对象。如果一个公司能够独立完成这个计划，然后再把人类基因组申请专利，那么以后任何人使用人类基因组的知识都必须向这个公司缴纳专利费，而这将是一个天文数字。第一个看到这个美好前景的是科学家吉尔伯特。

吉尔伯特不仅在科学上具有开拓精神，在商业上也是一位不折不扣的先锋。在人类基因组计划还没有启动的时候，吉尔伯特就意识到，只要筹集到资金，拥有大型的定序实验室，那么一个私人公司也可以独立完成人类基因组计划。1987 年初，吉尔伯特开始筹划基因组公司，并公开向社会募集股份。然而"谋事在人，成事在天"，1987 年 10 月，美国股市大崩盘，吉尔伯特发财的美梦随之泡汤。不过吉尔伯特的失败并未让其他"知本家"止步。一位名叫文特尔的科学家也对组建私人公司抢先测定人类基因组的美梦动了心。

文特尔出生于美国旧金山郊外的米尔布莱镇，他生性好动，不愿在教室里安静地学习，经常逃课去海边冲浪，因此学习成绩一塌糊涂，让父母操透了心。好不容易拿到中学毕业证后，文特尔随父母迁居到加利福尼亚。在那里，他整天忙于冲浪，玩赛艇，过着无忧无虑的生活。正当他在加利福尼亚享受幸福生活的时候，越南战争爆发了。还有什么是比战争更刺激的事情呢？喜欢冒险的文特尔报名参加了美国海军医疗队，在有 3 500 名新兵参加的智力测试中他名列第一，此后他接受了战地救护的训练，1967 年被派往越南，而这改变了他的一生。

在越南，文特尔在急救室工作，每天都要救治大量受伤的士兵。有一次他连续几天没有合眼，为数千名受伤的士兵进行救治。在工作中，他几乎每天都要面对死亡，眼睁睁地看着一个个鲜活的生命在自己眼前逝去。这使他深深意识到生命的脆弱、时间的可贵，意识到不能浪费生命让时间流逝，而应该去做一些有意义的事情。他在越南认识了军医纳达尔大夫，纳达尔大夫很赏识文特尔的聪颖，便劝他在战争结束后去读大学。文特尔退伍之后回到了加利福尼亚，进入加利福尼亚大学圣迭哥分校就读，1972 年获生物化学学士学位，此后他留校继续攻读研究生，1975 年获得了生物化学博士学位。

大学毕业后文特尔曾一度在医院工作，不过他发现自己不适合当一名医生，就转而从事研究工作。1984 年，他进入位于华盛顿郊外的马里兰州贝塞斯达国家卫生研究所，同妻子一起进行关于细胞的研究。人类基因组计划开始后，文特尔又把研究重点转到了人类基因组上。上文已经提到，有人曾经提出走捷径的方法快速测定人类基因组，尽管这种主张遭到了普遍的反对，但有的科学家还是这样做了，如在英国医药委员会任职的著名科学家布伦纳就采用走捷径的方法大规模地发现基因。起初英国医药委员会禁止布伦纳发表自己的成果，但后来英国医药界发现布伦纳的方法能够给他们带来巨大的利益，于是向英国医药委员会施加了巨大的压力，最终迫使英国医药委员会解除了禁令。文特尔到布伦纳的实验室进行参观，发现布伦纳几乎每天都能发现新的基因时不由得大吃一惊。他赶快回到自己在马里兰州贝塞斯达的国家卫生研究所，并开始用与布伦纳相同的方法发现基因。为了加快速度，文特尔发现基因后并没有定序整个基因，他只定序基因的一小部分，由于每个基因各不相同，从基因的一小部分的碱基顺序中文特尔就可以判定发现的基因是不是新基因。采用这种方法后，文特尔发现基因的速度是惊人的。1991 年，文特尔发现了 337 种新基因；1992 年，文特尔发现了 2421 种新基因。文特尔为他发现的新基因都申请了专利，这在科学界引起了极大的争议。因为文特尔只是发现了新基因，而无论是新基因的结构还是新基因的作用文特尔都一无所知，那么他申请专利保护的是什么呢？这不过是一种技术上的垄断罢了。尽管如此，文特尔的行为还是得到了美国国家卫生研究院的支持，而沃森则因为反对文特尔的所作所为被迫辞去了美国国家卫生研究院人类基因组研究中心主任的职务。

文特尔在不断发现新基因的同时，还想把这些新基因商业化。1992 年，文特尔在资本家斯坦伯格的帮助下梦想成真，斯坦伯格共投资了 7000 万美元，分别建立了 2 个机构。其中一个是非营利的基因组研究所（简称 TIGR，因为发音与英文老虎相似，被戏称为"老虎"），所长由文特尔担任。另一个是商业性的人类基因组科学公司，由有商业头脑的科学家黑斯廷主持。基因组研究所负责研究基因，而人类基因组科学公司负责将基因组研究所的发现进行商业推广。一般在基因组发表资料之前，人类基因组科学公司都会用 6 个月的时间来评估这些材料，如果是重大发现的话，那评估的时间则要长得多。为什么要同时成立 2 个机构呢？这是因为在学术界是盛行信息共享的，建立一个非营利性的基因组研究可以自由地分享信息，而建立人类基因组科学公司又可以将信息商业化，可谓一举两得。1993 年，文特尔以 1.25 亿美元的天价把自己发现的新基因的独家商业使用权转让给了英国制药公司史美克公司，成了人类基因组研究开始以来第一个因此致富的人。

同文特尔合作的科学家黑斯廷毕业于哈佛大学，在沃森和吉尔伯特的指导下完成了学业。毕业后一度在哈佛大学医学院工作，后来他和富婆海曼结婚，从此生活状况大大改善。妻子大量的金钱使他能够周游世界，乘坐飞机到处旅行。为了赚到更多的钱，他同文特尔合作，当上了人类基因组科学公司的总裁。他和文特尔一起为每个新发现的基因申请专利。例如在1995 年人类基因组科学公司就为名为

1995 年 5 月美国《商业周刊》的封面人物——黑斯廷（左）和文特尔（右）

CCR5 的基因申请了专利，CCR5 是一种替人体免疫系统中一种细胞表面的蛋白质编码的基因。1996 年，研究人员发现了 CCR5 在艾滋病治疗中的重要作用。相关研究人员很早就注意到部分男同性恋者曾反复接触到 HIV 病毒，却没有染病，为此研究人员对这些对 HIV 病毒具有免疫力的男同性恋者进行了长期研究，最后发现这些人都拥有突变的 CCR5 基因。这说明突变的 CCR5 基因与艾滋病的抵抗力之间存在着某种联系，而找到这种联系并生产出抗艾滋病药品是需要很长时间的研究工作，是要付出很多的汗水和金钱的。而文特尔和黑斯廷因为享有 CCR5 基因的专利权，却可以不费吹灰之力坐享别人的研究成果，要求别人缴纳专利费。这样会导致什么后果呢？首先，拥有基因专利的人不会去研发药物，因为他可以不花一分钱从其他人那里得到专利费。其次，其他公司因为成本太高也不会研发，这样就会阻碍生物医学的发展。

文特尔、黑斯廷以及英国史美克公司可能垄断人类基因组的商业运用的危险让生物学界和企业界都产生了警觉。为此英国制药公司史美克公司

的对手默克公司向华盛顿大学人类基因组研究中心提供了 1000 万研究经费，由他们按同样的走捷径的方式发现新基因，并公开发表研究成果，这给了文特尔、黑斯廷等人当头一棒。在此之后文特尔逐渐把研究重点转到了整个人类基因组的定序上，他的研究重点是如何才能够超过其他科学家。

那么，文特尔怎么才能超过美、英、日、法、德、中这 6 国的科学家呢？在文特尔看来，关键是方法，比如一个人坐火车，一个人坐飞机，就算那个坐火车的人已经跑出去很远了，坐飞机的人也能在很短的时间内轻松地超过他。文特尔决定采用不同于其他科学家的方法来超过他们。6 国科学家采用的办法是首先建立 DNA 不同片段的位置（即首先建立基因组图谱），然后再做实际的定序工作，这样做的好处是可以找出片段之间的重复部分。而文特尔采用的则是"随机定序法"（又称"霰弹枪定序法"），即不建立基因组图谱，直接把基因组随机分成一个个片段，然后找出它们的序列。再把这些序列输入电脑，由电脑按照重叠部分完成排序。这种办法省去了建立基因组图谱的时间，显然要快得多。1995 年，文特尔的研究小组使用这种方法发现了流行感冒嗜血杆菌的基因组，证明了这种方法对简单的基因组是适用的。那对于复杂的基因组，如人类的基因组适不适用呢？实际上，在人类基因组计划开始确定定序法时，有的科学家就提出过要采用这种方法，但其他的科学家认为这种方法不合适，原因就在于重复，即相同的 DNA 片段会在基因组的不同位置上发生，而这种重复可能会误导最精密的电脑，最终导致人类基因组定序的失败。不过既然文特尔要超过其他 6 国科学家，他就必须冒一下险。

1998 年，文特尔应应用系统制造公司总裁汉卡皮勒的邀请来参观该公司最新生产的自动化定序仪。在参观完后汉卡皮勒建议文特尔自己成立一家公司，由应用系统制造公司的母公司提供资金，自己完成人类基因组的定序工作。文特尔听了这个建议后十分高兴，立即离开了原来的基因研究所，成立了塞莱拉基因公司。该公司的格言是：Speed matters,Discovery can□t wait. 意为：速度至上，发现不能等。文特尔使用 300 台最先进的自动定序仪和大量的精密电脑进行人类基因组的定序工作，他准备用 2 年的时间，花费 2 亿到 5 亿美元，完成人类基因组的定序工作。这在那些正在辛辛苦苦地进行人类基因组定序的各国科学家那里引起了极大的震动。

官方的人类基因组计划这时正在有条不紊地进行着。人类基因组计划的最初负责人沃森虽然在 1992 年就被迫辞职，不过他之前的努力已经使人类基因组计划走上了正轨。继沃森之后担任人类基因组计划负责人的是柯林斯教授。柯林斯出生于美国弗吉尼亚州一个戏剧家家庭，在父辈的教导下，他在 7 岁的时候就写出了小说《绿野仙踪》的舞台剧剧本，并自己导演了这出戏。不过后来他对科学着了迷，少年时代的理想也就成为绝响了。获得耶鲁大学博士学位后，柯林斯进入研究机构开始了研究生涯。在他的主持下，人类基因组计划的研究进展得非常顺利，到 20 世纪 90 年代初期，人类基因组图谱的初稿已经基本完成。在定序技术上，按照原定的计划，科学家们从简单生物到复杂生物逐步提高测定基因组的能力。首先是细菌，其次是线虫。线虫对科学家来说是一个很大的挑战，虽然线虫只有逗号那么大，但它的基因却高达 2 万多个。不过在英国桑格中心的萨尔斯顿和美国华盛顿大学的瓦特斯顿联手攻关下，1998 年线虫的基因序列终于得到了破解，这意味着人类基因组的研究已经突破了复杂生物的重要关口，离最终目标——人已经不远了。

就在这时，传来了塞莱拉基因公司成立的消息。对此，10 多年来为人类基因组计划呕心沥血的科学家们无论如何都不能接受，要知道，这个计划已经花掉 19 亿美元了，可现在塞莱拉基因公司却要把成果拿走。更让科学家们气愤的是，他们本来一致同意（文特尔当时也同意了）人类基因组是人类的共有财产，所以发现序列材料后就立即向社会公布，这被称为"百慕大原则"。但现在文特尔却宣布他将在发现后延迟 3 个月公布，以便把专利卖给有兴趣的公司。这让官方的科学家们几乎无法容忍。而官方科学家的支持者们更是如此，这就产生了一个官方科学家们始料未及的结果，那就是政府和各大基金会对人类基因组计划的投资大规模地增加了。在塞莱拉基因公司成立仅仅数天之后，英国桑格中心的赞助人卫尔康信托基金会高调宣布将对桑格中心的投资提高到 3.5 亿美元。美国国会也宣布将大规模提高对人类基因组计划的投资。至此，人类基因组的两个对立的研究组织，一个是公共的研究机构，一个是民间的塞莱拉基因公司的竞争就不可避免了。

从某种意义上说，这种竞争也是一件好事。由于人类基因组要对超过 30 亿个碱基对定序，那出现错误就是不可避免的事情。由两家同时来做，那么他们互相验证彼此的结果，显然会大大地减少错误。其次，在竞争的压力下，各大国都加大了对人类基因组计划的投入，这也为这个"无底洞计划"提供了必要的资金支持。

第四节　伟大的日子

从 1998 年年底开始，公共基因组研究机构和塞莱拉基因公司的竞赛正式开始了，这是一场技术的竞赛，财力的比拼，人类最杰出智慧的对决。为了在竞争中取胜，塞莱拉基因公司购入了最先进的设备，300 台自动测序仪同时日夜不停地运转，仅电费每年就高达 100 万美元。为了完成世界上迄今为止最为复杂的计算，塞莱拉基因公司采用了世界上最快的超级计算机，可以同时处理 80 万亿的数据，这种超级计算机同时使用 2 万个中央处理器，其内存高达 64G。面对塞莱拉基因公司恐怖的技术实力，公共研究机构并不畏惧，因为他们拥有世界上第一流的生物学家，兰德就是其中的一个，他在迎接塞莱拉基因公司的挑战上发挥了重要作用。

从小到大，兰德的经历简直就是一段传奇。他出生于美国纽约布鲁克林区，从小就被誉为数学神童，高中时获得了美国青少年梦寐以求的西屋科学奖（此奖的获奖者后来大多都得了诺贝尔奖）第一名。1978 年，兰德以普林斯顿大学应届毕业生代表的身份登台领奖，此后他又获得了牛津大学博士学位。大学毕业后他当了一段时间的数学教授，不过喜欢社交的他发现自己不适合在数学圈子里工作，于是他转到了哈佛大学商学院。兰德的弟弟学的是生物学，弟弟的工作让兰德产生了兴趣，他又开始学起了生物学。这段日子是比较艰难的，他白天要在商学院教课，晚上还要到哈佛大学和麻省理工学院的生物学系进修，不过兰德靠自己的努力和天赋终于实现了转型，于 1989 年成为麻省理工学院白头研究所的生物学教授。人类基因组计划开始后，兰德所在的白头研究所也加入了研究序列。白头研究所在兰德的带领下成为与桑格中心、华盛顿大学基因组定序中心、贝勒医学院、美国能源部基因组实验室并列的人类基因组研究中心，并在人类基因组研究中做出了杰出贡献。在兰德等人的努力下，公共机构的研究速度日益加快，很快就赶上了塞莱拉基因公司。公共基因组研究机构和塞莱拉基因公司在研究上互相赶超的同时，两派的科学家在媒体上也不断对对方进行讽刺、攻击甚至公然的谩骂，可以说是斯文扫地。对此，有一个重要人物实在是看不下去了，他就是时任美国总统克林顿。克林顿对他的科学顾问说："把这件事搞定，让这帮家伙合作。"在克林顿的撮合下，公共研究机构和塞莱拉基因公司开始合作，共同为人类基因组计划努力。不过双方暗地里却还较着劲，都想先测定人类基因组。

　　文特尔继续完善他的测序技术，他使用"随机定序法"于 2000 年初完成了对果蝇基因组的测定，这表明"随机定序法"完全可以用于复杂的基因组。此后他又用这种方法开始对人类基因组进行测定。与此同时，兰德等人也在加班加点地工作。1999 年 11 月 17 日，G 成了第 10 亿个被公共人类基因组研究机构定序的碱基。2000 年 3 月 9 日，T 成为第 20 个被公共人类基因组研究机构定序的碱基。至此，竞争已经到了白热化的程度。

　　到这时，双方竞赛的焦点已经集中在计算能力上了。因为在人类基因组定序的后期，科学家们要完成两个主要任务，一是把已经定序的大量 DNA 序列组合成完整的序列，这需要在组合过程中去掉重复的部分，而这需要大量的计算工作。二是确定基因的位置，即 A，T，C，G，4 个碱基组成的 DNA 片段，哪些是编码蛋白质的，哪些是编码"垃圾"的，而这更需要大量的计算。显然，用人脑来计算是无论如何也不可能的。因此在人类基因组定序的最后阶段，电脑专家就成了竞赛的主角了。塞莱拉基因公司的电脑专家是迈尔斯，在迈尔斯的主持下，塞莱拉基因公司运用最先进的电脑开始了最后的定序工作。由于塞莱拉基因公司采用的"随机定序法"对计算能力的需求过大，因此塞莱拉基因公司的定序工作进展得非常缓慢。公共研究机构也好不到哪里去。公共研究机构的专家本以为在建立了基因图谱以后，定序工作就是一件比较容易的事了。后来这些专家们才发现，有了基因图谱，定序工作仍然需要海量的计算，到 2000 年 5 月的时候，科学家们也没有想到好的办法，这下他们可有点着急了。幸而加利福尼亚大学圣塔克鲁斯分校的一名研究生解决了问题，他的名字叫肯特。

肯特原是一名程序员，以编写电脑程序为生。后来他对生物学产生了浓厚的兴趣，转而投身基因与蛋白质关系的研究，并考入了加利福尼亚大学圣塔克鲁斯分校研究生院。当人类基因组计划遇到计算难题时，同时兼具电脑和生物知识的肯特认为自己可以解决难题。当时正好加利福尼亚大学圣塔克鲁斯分校为了教学需要购买了 100 台电脑，肯特费了很大的力气说服校方把这 100 台电脑借他使用，然后就开始埋头编写程序。在长达 28 天的时间里，肯特日夜不停地在实验室里编写程序，为了防止白天编写大量程序导致手腕僵硬使晚上不能工作，晚上他就把冰敷在手腕上。到 2000 年 6 月的时候，他终于把程序编写完了。他让 100 台电脑一起开始计算，终于在 6 月 22 日基本完成了"人类基因组工作框架图"。而塞莱拉基因公司的迈尔斯在 6 月 25 日晚上才完成。公共机构取得了竞赛的胜利。

2000 年 6 月 26 日，伟大的日子终于到来了。美国时间 2000 年 6 月 26 日上午 10 时，美国总统克林顿在白宫，英国首相布莱尔在唐宁街 10 号首相官邸同时宣布人类基因组计划完成了第一份草图。公共研究机构的负责人柯林斯和塞莱拉基因公司总裁文特尔都在克林顿的身后，

肯特用 100 台电脑编写出基因组草图

这一刻，双方抛弃了敌对情绪，共享了荣誉。克林顿在讲话中说："今天，我们正在学习上帝创造生命时使用的语言，并且正在以前所未有的眼光审视着万物之灵的人类。我们将能够更加细致入微地领略人类自身的复杂和

文特尔（左）、柯林斯（右）与克林顿（中）在一起

美丽。在获得这深奥的新知识后，人类将获得全新庞大的治疗疾病的力量。"

2000年6月28日，江泽民主席也对人类基因组发表了重要讲话，江泽民说："人类基因组计划是人类科学史上的伟大科学工程，它对于人类认识自身，推动生命科学、医学以及制药产业等的发展，具有极其重大的意义。经过全球科学界的共同努力，人类基因组序列的工作框架图已经绘就，这是该计划实施进程中的一个重要里程碑。人类基因组序列是全人类的共同财富，应该用来为全人类造福。在美国、英国、日本、德国、法国和中国政府共同支持的国际公共领域人类基因组测序工作中，中国承担了该计划的一些工作。我向我国参与这一工作并做出杰出贡献的科学家和技术人员表示衷心的感谢，向国际上参与这一研究的科学家和技术人员表示热烈的祝贺。希望我国科学家再接再厉，为人类基因组最终序列图的完成，为我国在功能基因组学中的创新研究，做出更大的贡献。"

在一片欢呼声中，人们可能忽略了科学家们建立的只是"框架图"，也就是说它还是一个粗略的草图。在已经发表的序列中，只有最小的21号和22号染色体还算完整，而其他染色体则要差得多，大量的基因都没有包括进去。所以说2000年6月26日并不是人类基因组计划的终点，

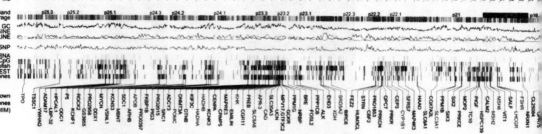

反而是一个新的开始。另外，实际上"人类基因组工作框架图"在 2000
年 6 月 26 日并未完成，"人类基因组工作框架图"的工作报告直到 2001
年 2 月 12 日才正式问世。美国提前公布只是出于宣传的需要。由于存
在种种缺陷，科学家们决定在 2003 年 4 月之前对"人类基因组工作框架
图"进行填补，使其能更完整、更正确。然而不久科学家又发现不少小
的区域根本无法定序，因此就放弃了建立完全的人类基因组序列图的计
划，改以建立基本正确的人类基因组序列图，即完成 95% 的序列。这样
新一轮的征途又开始了。不过塞莱拉基因公司这次并没有参加，看到研
究人类基因组不会带来商业利益，该公司后转型为制药公司，回归了商业，
文特尔也离开了该公司，自己又建立了新的公司，继续他的发财计划。

在划定人类基因组序列图的工作中，中国大陆的科学家首先在 2001
年 8 月 26 日完成了自己承担的任务。由于中国大陆所承担的任务只占整
个人类基因组序列图的 1%，显然人类基因组计划仍然是任重道远。不过
在美、英、法、日、德、中六国科学家的共同努力下，在 2003 年 4 月 14 日，
人类基因组序列图的绘制终于大功告成（正如上文所说，只是完成了基
本的序列），此时正适逢沃森和克里克发现双螺旋 50 周年，可谓意义重

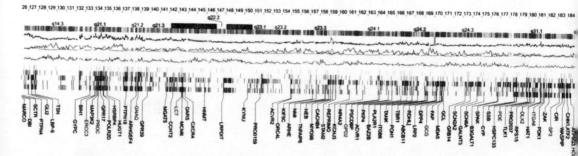

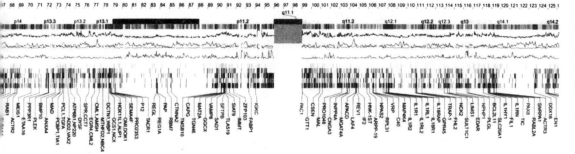

人类第2号染色体上的基因：2.55亿个碱基对

大。中国总理温家宝、美国总统布什、英国首相布莱尔、法国总统希拉克、德国总理施罗德、日本首相小泉纯一郎六国政府首脑联合发表六国联合声明，对科学家们的成就表示祝贺。声明说："我们作为美国、英国、日本、法国、德国和中国的政府首脑自豪地宣布，来自我们六个国家的科学家已经完成了人类基因组30亿个碱基对，即人类生命的分子密码书的基本测序。1953年4月DNA双螺旋结构的发现标志着一个里程碑。此后50年间，遗传科学和技术取得了重大进展。在适逢沃森和克里克这一重大发现50周年的今天，国际人类基因组测序协作组已经解读了人类生命密码书中所有章节的秘密。现在，全世界都可以通过因特网上的公共数据库不受限制地免费获取这些信息。基因序列为我们提供了了解人类自身的基础平台。据此，生物医学和人类的健康与福祉将取得革命性的进步。因此，今天我们朝着为世界各国人民创造一个更加健康的未来迈出了重要的一步，人类基因组是他们的共同遗产。我们对这项计划所有参与人员的创造性和奉献精神致以敬意。他们非凡的工作成就将作为里程碑载入科学技术和人类发展的史册。我们鼓励全世界共同庆祝人类基因组计

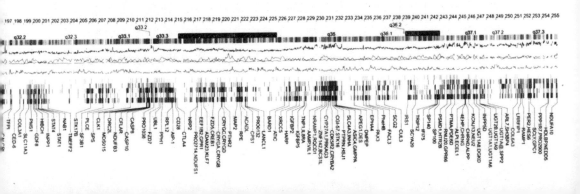

划这一科学工程的完成。我们鼓励科学和医学界继续致力于应用这些新发现以减少人类的痛苦。"

在测定了人类基因组序列图之后，人类首次知道自己大概有多少个基因。早在 2000 年的时候，生物学家们就为人类有多少个基因设了一个赌局，不过赌注少得可怜，只有 1 美元。生物学家们的答案是五花八门的，其中沃森认为是 72415 个。虽然生物学家们提出的答案都有其科学依据，但人类基因组序列图绘制出来之后他们发现自己都错了。根据序列图，科学家发现人类的基因在 3 万以下，大约有 2 万多个，这大大低于生物学家的预测，结果包括沃森在内的生物学家们都输了 1 美元。根据 2004 年 10 月的数据，科学家们估计人类的基因总数大约在 2.1 万～2.5 万个。虽然人类寻找自己基因的工作还没有结束，但就目前的情况看，人类基因的总数应在 3 万以下。为什么科学家花了 10 多年时间投入数十亿美元也无法找到全部的基因呢？这是因为人类基因组的结构非常复杂。在人类基因组中，只有 2% 替蛋白质编码，其他被称为"垃圾"的部分则由不具备编码功能、长短不一的 DNA 片段组成。编码的基因隐藏在不编码的 DNA 片段中，一点儿也不明显。另外一些编码基因由于插入了大量非编码片段，因此也很容易被误认为是非编码基因。如最长的人类基因肌肉萎缩蛋白（这种基因的突变会导致肌肉萎缩），它长约 240 万个碱基对，但只有 11 055 个碱基对为蛋白质编码，基因的复杂由此可见一斑。因此虽然人类基因组序列图已经基本确定，但找到人类的全部基因还有待时日。

现在可以肯定的是人类的基因在 3 万个以下，这大大出乎很多人的意料，以前科学家都认为人的基因应该在 10 万个以上。如果把人类的基因同其他生物相比，会发现人类的基因似乎太少了。比如拿线虫跟人的相比较，线虫有 959 个细胞，人则大约有 100 兆个细胞。在线虫的 959 个细胞中有 302 个是神经细胞，这些神经细胞构成了线虫极其简单的大脑；而人脑则由 1000 亿个神经细胞构成，结构极为复杂。线虫和人的差距如此之大，可二者的基因数却相差不大，人类有 2 万多个基因，而线虫的基因只比人类少几千个。这是怎么一回事呢？为什么数量差不多的基因会发育成相差如此之大的物种呢？基因组或许可以解答这个问题。尽管人的基因仅比线虫多几千个，但人的基因组的体积却比线虫要大 33 倍，由此可见，基因组大小的差异可能是人与线虫不同的根本原因。那为什么基因数目相似，基因组的体积却相差如此之大呢？这在于人类基因组中有一半是不具备明显功能的重复序列，而这些重复序列在多次发生突变之后会发生较大的改变。例如有一个重复序列：ATTG ATTG ATTG，一段时间之后由于发生了突变，它会发生相应的变化。如果突变的时间较短，它会变成 ACTG ATGG GTTG，从里面还可以看到一些原始序列的痕迹。如果突变的时间较长，它会变成 ACCT CGGG GTCG，在这里原始的序列已经消失了。在其他生物，例如果蝇、线虫，它们基因组的重复序列都很少：果蝇只有 3%，线虫只有 7%，所以它们受突变的影响就要小得多。可以说有大量"垃圾"的重复序列是人类基因组和其他简单生物基因组差距巨大的根本原因。

从人类基因组计划中我们还可以知道更多的东西，其中之一就是所有的生物都存在着联系。从达尔文的进化论中我们可以知道，人类在地球上出现的时间是很晚的。在 35 亿年前左右，生命以细菌的形式出现在地球之上。在 27 亿年前，真核生物开始出现。在此后近 10 亿年时间内，生命一直以单细胞的形式存在。直到距今 5 亿年时蚯蚓等较为复杂的生命才相继出现。达尔文的理论得到人类基因组计划的证实。如酵母菌里发现的蛋白质，约有 46% 也见于人类身上。由于细菌是地球最早的生命形式，我们可以想象二者具有同样的祖先，在大约 10 亿年前酵母菌的谱系和造成人类出现的谱系分开并各自独立发展，在 10 亿年的演化之后形成了两种截然不同的生物。其他生物的蛋白质与人类蛋白质的相似也印证了达尔文"进化论"的正确性，如蠕虫蛋白质有 43% 跟人类相似，河豚蛋白质有 75% 跟人类相似，果蝇蛋白质有 61% 跟人类相似。通过比较不同生物的基因组还可以看出蛋白质的演化过程，蛋白质分子可以看成是不同结构域的集合体，结构域就是具有特定功能或特定三维结构的氨基酸链。而蛋白质的演化实际上就是结构域不同的排列组合，如果某个结构域的排列被证明是有利的，适应自然的需要，那新一种蛋白质就会诞

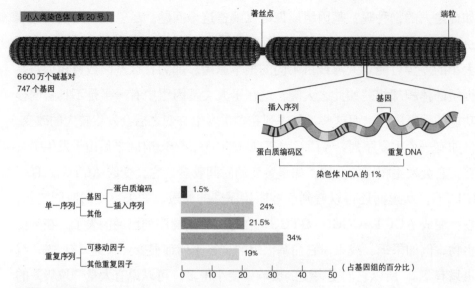

小人类染色体（第 20 号）

著丝点

端粒

6600 万个碱基对
747 个基因

插入序列

基因

蛋白质编码区

重复 DNA

染色体 NDA 的 1%

单一序列

基因
其他

蛋白质编码
插入序列

可移动因子
其他重复因子

重复序列

1.5%
24%
21.5%
34%
19%

0   10   20   30   40   50

（占基因组的百分比）

人类基因组的面貌

生。在人类蛋白质中发现的结构域，有 90% 也可以在果蝇的蛋白质中找到，因此人类蛋白质的特殊结构可能就是果蝇蛋白质结构域的一种新的排列组合。这意味着科学家可以通过其他生物来生产对人类至关重要的药品。因此，在后人类基因组时代，对蛋白质的研究就成为一个热点。为了同人类基因组保持一致，这种研究被称为蛋白质组学，它重点研究基因编码的蛋白质。此外，转录组学也是后人类基因组时代的研究重点，它研究的是基因表现的位置和时间，即在一个特定的细胞里，哪里的基因在转录上是活跃的。如果说基因组是生命舞台的剧本的话，那么蛋白质组学和转录组学就是这场演出的主角，而只有真正了解它们才能真正地了解生命。

有意思的是，生物学家们做这三方面研究时又把目光转向了果蝇这种遗传学最原始的实验对象。这是因为即使人们破解了人类基因组，但执行遗传指令的程序和线索仍然是一个难解之谜。所以要从简单生物开始（如果蝇），去探寻转录组和蛋白质组的真相。如果人类能够弄懂果蝇并进一步弄懂人类自身基因表现的模式（转录组），建立所有蛋白质作用的清单（蛋白质组），那么人们就能了解人体每个分子的功能和作用，更深刻地了解人类本身，那一天不会太远了。

下 部
被 DNA 改变的世界

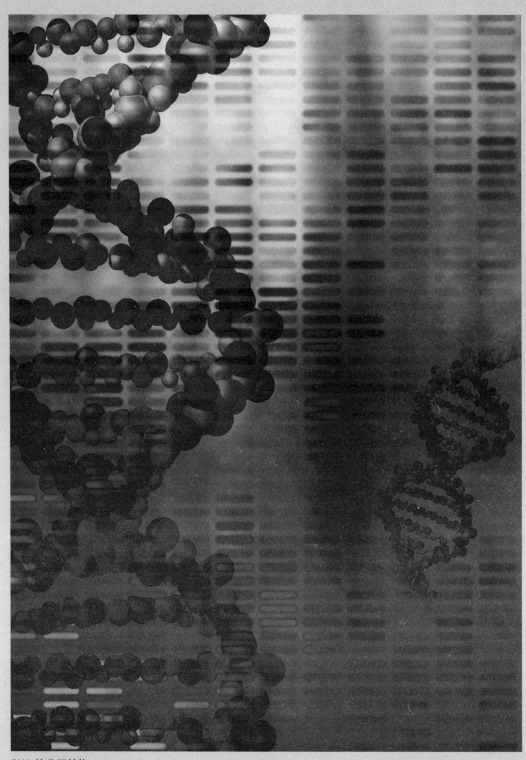

DNA 的分子结构

　　DNA 链条的每一个化学结构包含不同的基因，而每个基因在传递遗传信息时都起重要作用。

第六章
生物科技的诞生

第一节　从胰岛素开始

从第一次科技革命开始，知识和财富就结下了不解之缘。知识在创造了巨大生产力的同时，也给知识分子带来了巨大的财富。如西门子（实用发电机制造者）、贝尔（实用电话机制造者）、爱迪生（发明家）等人都成了百万富翁。

而以逐利为根本目的的资本家也看到了知识的巨大效益，并开始向新技术投资，知识和资本的结合造就了无数的商业奇迹，也使20世纪成为了"知本家"的时代。1976年在科学界对"重组DNA"技术进行激烈论战的时候，一位年仅27岁的风险投资家就看到了在"重组DNA"技术之后所蕴含的无限商机，他决定同分子生物学家们谈谈。这名年轻的风险投资家名叫斯万森，他年轻有为，在很多跟他年纪相仿的青年为房子苦苦打拼的时候，他已经成了在高风险金融业中叱咤风云的人物。他同分子生物学家们的交谈并不顺利，这些人要不对"重组DNA"所知不多，要不就是认为这项技术还不成熟，将其商业化纯属天方夜谭，就连科恩对此也没有信心。但是斯万森并没有放弃，他决定再找博耶谈谈。博耶这时正专注于生物学的研究,他特别厌烦此时任何使他分心的事物。此外,他最讨厌的就是那些西装革履的商务人士了。不过斯万森的如簧巧舌还是打动了他,博耶同意和斯万森在某个星期五的下午见面,不过只能谈10分钟。然而当二人相见,斯万森谈起自己的计划时,博耶就把自己先前的约定抛到脑后了。他们一直谈了几个小时,谈完之后还到酒吧喝了几杯庆祝了一番。

那么,斯万森的计划是什么呢?其实很简单,就是用"重组DNA"技术来制造有用的蛋白质,比如制造胰岛素。他们可以将胰岛素的基因插入细菌内,然后让细菌制造胰岛素,而制造出来的胰岛素就可以卖钱了。当时博耶已经掌握了这种技术,他和斯万森要做的就是把生产蛋白质的基地从实验室的培养基升级到巨大的工业槽内。不过这种事说得容易,做起来可就难了。如果谁都能做也就不需要"知本家"了,博耶决定同斯万森合作,共同创业。虽然博耶是一个分子生物学家,但成为一名企业家一直是他的梦想,在他上高中的时候他就说自己的理想是成为一名成功的商人,现在他要实现自己儿时的梦想了。

1976年4月,斯万森和博耶共同出资,建立了世界上第一家生物科技公司。斯万森本想用他和博耶的名字为这家公司命名,但博耶拒绝了,他提议将公司取名为GENENTECH,是基因工程技术一词的简称。基因工程技术公司成立后首先要生产的就是胰岛素。数千年来,糖尿病一直是人类的主要杀手之一,对人类的健康有致命的威胁。该病是一种代谢内分泌病,为胰岛素绝对缺乏或胰岛素生物效应降低所致的慢性疾病。对严重的糖尿病患者一般都要注射胰岛素进行治疗。医用的胰岛素主要有牛胰岛素和猪胰岛素,这些胰岛素氨基酸成分同人胰岛素并不完全相同,猪胰岛素和人胰岛素相差1个氨基酸,牛胰岛素和人胰岛素相差3个氨基酸。此外,牛胰岛素和猪胰岛素制剂还常含有杂质,这些杂质导致糖尿病患者偶尔会出现过敏、注射部位脂肪增生(或萎缩)、产生胰岛素抗体和抗药性等副作用。避免这些副作用的办法就是提供给患者真正的人胰岛素。

在"重组DNA"技术诞生之前,这显然是不可能的,因为从一个人体内提取胰岛素去医治另一个人是伦理道德所不允许的。但"重组DNA"诞生之后的生物科技解决了这个问题。人胰岛素的经济前景非常可观,据估计,中国的糖尿病患者有5000万人,美国的糖尿病患者有800万人,如果人胰岛素能够成功生产,那么这无疑是另一种"黄金"。除了基因工程技术公司的斯万森和博耶外,科学家吉尔伯特也注意到了这一点。1978年8月,吉尔伯特在一批风险投资家的支持下成立了BIOGEN公司,BIOGEN为生物基因一词的缩写。相对于基因工程技术公司来说,生物基因公司的规模要大得多,它不是由一个27岁的年轻风险投资家筹划的,它身后有一群老手。它不是只拥有博耶一个专家,而是有一群专家。基因工程技术公司是在小酒馆成立的,而生物基因公司则是在豪华的五星级饭店成立的。但机会对二者都是平等的,谁生产出了人胰岛素,谁就会成为生物科技行业的王者,否则就会被淘汰。

我们知道在人类基因中有非编码的DNA片段,这被称为"插入序列",人类细胞会"编译"信使RNA,移除这些插入序列。而细菌则不同,细菌基因没有插入序列,因此细菌不会处理插入序列,无法用人类基因制造蛋白质。如果想利用大肠杆菌用人类基因制造蛋白质的话,就得解决插入序列的问题。对这一问题,基因工程技术公司和生物基因公司采用了不同办法。基因工程技术公司规避了插入序列的问题,他们以化学方式合成了基因中不含插入序列的部分,然后把它插入质粒内,他们这样的做法实际上人工复制了人类的基因。生物基因公司采用的办法是使用反转录酶。

反转录酶的原理是美国科学家巴尔的摩和特明发现的。巴尔的摩1938年3月7日出生于美国纽约,高中时在母亲的建议下他参加了一个生物夏令营,这让他领悟到了生物学的奇妙,从此走上了生物学的研究道路。1960年,巴尔的摩获得了宾夕法尼亚州斯沃斯默学院学士学位。1964年,他获得了洛克菲勒大学博士学位,此后专职从事研究工作,现任加州理工学院院长。巴尔的摩是一名出色的学者,他的个性非常鲜明。

2000 年核酸产品流行时，某些商人把核酸产品同诺贝尔奖获得者联系在一起，说什么诺贝尔奖得主推荐核酸产品，以增加产品的可信度和知名度。对此巴尔的摩表示："据我所知，没有证据表明核酸是一种营养物或有益于健康。在我看来它不可能有任何益处。"这沉重打击了不法商人，维护了知识分子应有的尊严。

反转录酶的另一个发现者特明 1934 年出生于美国，先后就读于斯沃摩尔高中和加州理工学院，获生物学博士学位，1967 年就任威斯康星大学教授。巴尔的摩和特明对反转录酶研究揭开了肿瘤病毒与细胞遗传之间的作用之谜。在 20 世纪 50 年代，一些科学家就发现一些病毒只有 RNA，没有 DNA，如引起艾滋病的 HIV 病毒就是其中之一。这些病毒把 RNA 插入宿主细胞后，可以把 RNA 变成 DNA，遗传信息的流向因此变成了 RNA-DNA，这和通常的 DNA-RNA（即中心法则）完全相反。病毒之所以能这么做就是反转录酶的缘故，反转录酶可以将 RNA 转变为 DNA，带有反转录酶的病毒因此被称为反转录病毒。1970 年，巴尔的摩和特明都发现了这种现象。特明在美国休斯敦举行的一次医学会议上宣布了这一发现。两个星期后，巴尔的摩在冷泉港实验室举行的核酸转录问题研讨会上作了反转录酶的报告。发现反转录酶的意义十分重大，它使科学家找到了对付反转录酶病毒的方法。巴尔的摩和特明因此荣获了 1975 年诺贝尔生理学或医学奖。

反转录酶可以把 RNA 变成 DNA 使生物基因公司的研究人员找

传递人胰岛素信息的信使RNA

反转录酶

互补DNA（cDNA）

cDNA被插入质粒

质粒

将质粒引入细菌内

细菌

转录

mRNA

转译

纯人胰岛素

利用反转录酶选殖基因，但不选殖插入序列。

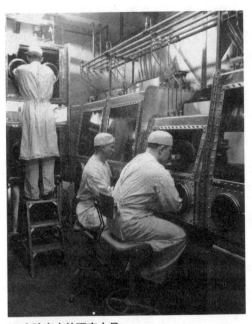

P4 实验室中的研究人员

到了克服插入序列的方法。他们先是分离了由胰岛素基因制造出来的信使RNA，由于在"编译"过程中除去了插入序列，所以信使RNA的遗传信息是整齐的。但光有信使RNA还不够，首先，信使RNA非常不稳定，容易降解。其次，要想使细菌细胞制造出胰岛素，就必须插入DNA。这时他们采用逆转录酶，制造出DNA，再将DNA插入质粒。质粒插入细菌后就可以生产出纯的人胰岛素了。为了确保实验成功，吉尔伯特等研究人员首先用小白鼠进行了实验，成功生产出了小白鼠胰岛素。此后，吉尔伯特的研究小组就转入了对"人类＋基因"的实验，这下他们遇到了麻烦。当时美国国家卫生研究院对牛、羊之类动物的"重组DNA"研究都进行了严格的限制，人更不用说了。如果吉尔伯特的研究小组想进行研究的话，他们就必须在P4实验室内进行。

　　P4实验室是安全防护等级最高的实验室。按照规定进行微生物研究的实验室必须有防止致病性微生物扩散的制度和人体防护措施。不同危害群的微生物必须在不同的物理性防护的条件下进行操作，一方面防止实验人员和其他物品受到污染，另一面也防止其释放到环境中。物理性防护是由隔离的设备、实验室的设计及实验实施等3个方面组成的，根据其密封程度的不同，分为 P1，P2，P3，P4 共 4 个生物安全等级。P是英文 protect(保护) 的缩写。其中四级生物安全(P4)是生物安全实验室等级最高的实验室，可以有效阻止传染性病原释放到环境中，同时给研究人员提供安全的保证。

　　P4实验室中装有特殊的空调系统，这里的空气温度与湿度都是预先设定好的，过滤程度达到 99.999%，能保障空气在整个环境中 1 小时循环多次。实验室采用定向负压系统，其核心区的压强达到 −40 帕，这样实验室空气的流动只能是通过高效过滤器从外面进来，而保证实验室内的空气不向外流动。典型的 P4 实验室由更衣区、过滤区、缓冲区、消毒区、核心区 5 个区组成。在实验室的四周装有高效空气过滤器。从实验室门口到达实验室的核心区，总共有 10 道门，最里面的 7 道门是互锁的，其中一道门没有关好，另一道门就打不开，这就避免了空气的流通。更衣区依次为外更衣室、淋浴室和内更衣室。消毒区为化学淋浴室，工作人员离开主实验室时首先经过化学淋浴消毒正压防护服表面。核心区任何相邻的门之间都有自动连锁装置，防止两个相邻的门被同时打开。对于不能从更衣室携带进出主实验室的材料、物品和器材，应在主实验室墙上设置具有双门结构的高压灭菌锅、浸泡消毒槽、熏蒸室或带有消毒装置的通风传递窗，以便进行传递或消毒。核心区里配有生物安全柜、超低温冰箱、离心机、电热细胞培养柜、显微镜、实验台、小型动物实验室等。生物安全柜顶上有一个直径 0.5 米左右的粗管子，直接通到房顶，它也是负压状态的，一些主要的操作都需要在生物安全柜中进行。P4 实验室中的管理也相当严格，研究人员进出都必须进行反复消毒。

一般来说，像埃博拉病毒这样可怕的病毒的研究都是在 P4 实验室中进行的。这样一座设计完备、病毒无从逃逸的实验室可不是哪国都有的，目前全世界只有 8 座 P4 实验室在运行。2003 年"非典"之后，中国开始重视对病毒的研究，并着手建立 P4 实验室。2005 年，中国第一个 P4 实验室在武汉正式开工建设，2008 年已投入运行。

吉尔伯特等人后来说服英国军方让他们使用英国南部一个英国皇家陆军研究生物战的实验室——一个研究鼠疫病毒、炭疽病毒和霍乱病毒的地方。这对吉尔伯特等人来说简直是地狱一般的经历。后来有人在书中描述说：进入实验室本身就是一个严酷的考验，实验人员脱掉身上所有的衣服后，必须穿上特制的白色内裤、黑橡胶靴、蓝外衣和后开式褐色长袍，头上要戴上塑料帽，两只手要戴上手套。所有的物品都必须用

甲醛清洗消毒，各种装置、瓶子和玻璃制品都要清洗，甚至写在纸上的
实验说明也要清洗。实验人员为此被迫把实验说明放在密封袋中，以免
它变成皱皱巴巴的羊皮纸。任何暴露在实验室空气中的文件最终都必须
销毁，实验人员因此连笔记本也没法带进去。在他们离开实验室时，都
必须进行淋浴，并再经历烦琐的消毒程序。实际上"重组DNA"根本没
有必要在限制如此之多的P4实验室内进行，现在的大学生在普通实验室
就可以进行"重组DNA"的实验。尽管吉尔伯特等人遭受了巨大的痛苦，
但他们的实验却没有成功，这使生物基因公司在生产人胰岛素的竞争中
落了下风。

　　与吉尔伯特等人在P4实验室苦苦挣扎相比，基因工程技术公司的博
耶要幸运多了，因为他采用的是复制的人类基因，结果巧妙地避开了限制。
尽管他也遭遇了很多技术上的难题，但却没有遇到法律的限制，这就是
他的幸运所在了。不过基因工程技术公司的负责人斯万森考虑的并不仅
仅是技术的问题，他考虑更多的是自己公司生产的人胰岛素如何在市场
竞争中取胜。从20世纪20年代以来，美国的胰岛素市场一直由礼来公
司控制，到20世纪70年代，礼来公司已经发展成为一个市值30亿美元
的巨无霸，占据了美国胰岛素市场的85%的份额。虽然基因工程技术公
司生产的纯人胰岛素优于礼来公司在农场里生产的牛胰岛素和猪胰岛素，
但跟这个巨无霸竞争显然是不现实的。

　　斯万森最后想出了一个双赢的办法，就是把基因工程技术公司人胰
岛素的独家授权卖给礼来公司，这样礼来公司会获得利益，基因工程技
术公司也会获得急需的发展资金。为此他决定同礼来公司的董事们进行
接触，他相信礼来公司的董事们具有抓住生物科技先机的眼光。礼来公
司的董事们当然具备这种眼光，因为他们早就在赞助吉尔伯特的生物基
因公司了。该公司的总经理甚至亲自到巴黎督促那里的科研机构进行有
关胰岛素的研究，其方法同吉尔伯特采用的一样。基因工程技术公司先
行成功的消息让礼来公司的董事们坐不住了，他们知道如果错失机会就
意味着公司的灭亡。1978年8月24日，基因工程技术公司确认成功生产

出了人胰岛素，25 日礼来公司就宣布与基因工程技术公司签约。此后，人胰岛素彻底取代了牛胰岛素和猪胰岛素，成了胰岛素市场的主流。礼来公司和基因工程技术公司也从中获利颇丰。1980 年 9 月，基因工程技术公司正式上市，短短几分钟之内股票就从 35 美元涨到了 89 美元，翻了一倍多，这在华尔街历史上是前所未有的。斯万森和博耶花 100 美元创建的基因工程技术公司一下子变成了价值 6600 万美元的公司。此后，这种神话在其他生物公司也一再上演，生物科技的时代到来了。

生物科技的最大好处就是给生物学界带来了大笔的金钱，生物学家纷纷建立公司，从清贫的教书匠一跃成为资产阶级。不过在生物科技给生物学界带来滚滚财源的同时也带来了许多问题。大学和生物科技公司之间的关系就是其中之一。生物科技公司大都是生物学家建立的，如博耶和吉尔伯特，而支持其商业前景的研究成果来自大学的实验室。那大学教授用大学实验室的研究成果获利是否合适呢？学术和商业之间的关系如何解决？此外，生物学研究的安全性问题又再起波澜。资本以获利为唯一目的，在获利的前提下，其他的考虑均被忽视了，那么在资本的推动下，生物学研究将走向何方？在这些问题之中，最直接的就是大学和企业的关系。

为了赢得先机，很多大学都成立了自己的公司。如哈佛大学就决定自己成立生物科技公司，但这份决定送交校务会议表决时却遭到了否决。很多人在会上都提出了自己的观点。有人认为，如果成立生物公司，那么就将混淆学术和商业的边界，例如，在聘任教授的时候是看他的学术成就还是对公司潜在的贡献能力？有人认为成立公司将会在学校内造成利益冲突。有人说大学是非营利机构，应该专心做学问，不应该涉足商业。哈佛大学的做法虽然维持了学术的纯洁性，但也导致自己丧失了一个金矿，他们的生物学系此后一直为缺乏资金而烦恼。当时在哈佛大学力主建立生物科技公司的几个教授在学校不支持的情况下决定自己建立公司。为了减轻压力，他们把公司起名为遗传学研究所，并打算将公司设在剑桥市旁边的桑莫维尔市。在桑莫维尔市的听证会上，市民们对 DNA 研究的恐惧心理占了上风，哈佛教授们提出的设立公司的申请未被批准。幸而临近的波士顿市还算比较开明，最后哈佛教授们的生物公司终于在波士顿市设立成功。等到争议平息之后，公司又迁回了剑桥市。

在中国也出现了类似的情况。在生物科技兴起之后，中国的高等学府也纷纷建立起了生物科技企业，如北京大学下属的北大未名生物集团工程有限公司、清华大学下属的清大英华生物技术有限公司等，这也引起了"北大究竟是办大学还是办企业"之类的议论。但经过30多年的发展，大学和生物科技公司之间的关系逐渐走向了共生和双赢。

第二节　专利的问题

在生命科技诞生之前，生物学家的研究基本上是"为科学而科学"。虽然生物学家取得的成就会给他们带来部分金钱，但生物学家的研究并不是为了钱，他们更多是出于对生物学的热爱。生物科技的诞生将生物学的成果直接转化为生产力，这就把生物学的研究同钱挂上了钩。生物学家们不是高人隐士，自然也不能免俗，从此生物学研究的目的就从纯学术变成了纯商业，钱成了生物学家们追逐的目标，而生物学家们发财的捷径就是给自己的发明申请专利。

在科恩和博耶在质粒的研究中取得重大成就之后，就有人向科恩建议为自己的新方法申请专利。起初科恩有点迟疑不决，因为他们的突破是在其他科学家的基础上做出的，而科学家那些早期研究成果都是供人们自由分享的，现在为自己的新发现申请专利似乎不合适，但专利所能带来的巨大收益还是让科恩坚定了申请专利的决心。其实这无可厚非，绝大多数的发明实际上都是在已有发现的基础上做出的，如火车是在蒸汽机产生之后才出现的，而专利正是授予那些在原有发现基础上做出重大创新的人的。科恩于1974年提出了专利申请，到1980年才正式被批准，这样科恩就为他和博耶发明的新方法取得了专利。这项专利归科恩、博耶、斯坦福大学和加利福尼亚大学旧金山分校共同所有。一般来说，给科学研究方法申请专利都会阻碍科学的研究，但科恩采用了比较明智的办法避免了纠纷。首先，他们的专利学术研究人员都可以免费使用，只有法人使用才必须付费。其次，他们的专利使用费并不高，一年只需要 1 万美元（另加对产品销售额收最高 3% 的费用）。这样，一些小公司也能够承受使用他们专利的费用。通过上述措施，既保证了专利的应用，也给专利权人带来了巨大的收益。到专利有效期届满时，这项专利给斯坦福大学和加利福尼亚大学旧金山分校带来了 2.5 亿美元的收益。科恩和博耶也因此成了亿万富翁。

在生物学中，除了方法可以申请专利外，一些人还想为经过改造的生物申请专利。早在 1972 年，在奇异公司研究部门工作的科学家查克拉巴提就向美国专利局提出要为自己培养的一种假单孢杆菌属细菌申请专利。这种细菌是用来降解石油的。长期以来，油轮的事故常常会造成严重的海洋石油污染，这种污染很难清除。后来，生物学家找到了解决办法。生物学家针对石油的不同成分采用不同的细菌，让每种细菌各降解石油的一个部分，这样石油污染问题就迎刃而解了。

为了降低处理石油污染的成本，查克拉巴提决心研制一种能够降解石油全部成分的超级细菌。他采用的办法是结合不同的质粒，每种质粒各为一种不同的降解路径编码。在这种超级细菌研制成功后，查克拉巴提提出了专利申请。他的专利申请被美国专利局拒绝后，查克拉巴提向法院提出了行政诉讼。经过多次败诉后，案件一直上诉到美国最高法院。1980 年，美国最高法院 9 名大法官以 5∶4 的投票结果判决查克拉巴提胜诉。判决书上说："人类所制造之活微生物得申请为专利，唯该项目必须为人类发明才能研究之结果。"由于美国是判例法国家，法官有遵循先例的传统，所以在美国最高法院判决后，经过改造的生物可以申请专利就成为了惯例。查克拉巴提所制造的超级降解菌使用的是传统的遗传学方法，而非"重组 DNA"技术，但既然以传统技术改造的细菌能申请专利，那使用"重组 DNA"技术改造的生物也就是理所当然的了。但美国法院对此尚未有任何判例，所以目前以"重组 DNA"技术改造的生物还不能申请专利，不过由"重组DNA"技术改造的生物能够申请专利的那一天应该不会太远了。

　　由于专利申请的增多，专利的纠纷也相应地增加了。1983年，遗传学研究所和基因工程技术公司都用"重组DNA"技术生产出了组织型纤溶酶原激活剂（简称t-PA）的基因，这在医学上具有重要意义，t-PA能够对付血栓，预防中风和心脏病。虽然t-PA的应用前景广阔，但遗传学研究所并没有为它的生产方法申请专利，因为它认为这种方法在科学上是显而易见的，并不需要申请专利。但基因工程技术公司却为此申请了专利，这样遗传学研究所再生产t-PA就变成侵权行为了。这自然招致了遗传学研究所的不满，双方开始了在法律上的交锋。

　　诉讼首先在英国上演，初审的主审法官是怀特福德。初审的争议焦点在于享有t-PA基因专利权的一方，其权利是否延伸到其相应的蛋白质产品上。经过冗长的诉讼过程后，怀特福德法官做出了有利于遗传学研究所的判决，宣布专利权不延伸到蛋白质产品上。基因工程技术公司为此上诉到英国上诉法院。由于此案涉及了较为精深的专业性问题，英国上诉法院除了委派3名经验丰富的法官组成合议庭外，还聘请了一位独立的生物专家来解决专业性问题，此案的独立专家是著名的生物学家布伦纳。经过审理，英国上诉法院法官认为t-PA的生产方法是基于明显的科学方法的，因此不具备创造性，不应授予专利，基因工程技术公司的专利申请因此归于无效。

　　基因工程技术公司在英国打输官司后，又在美国提起了诉讼。尽管美国同英国一样都实行判例法，但美国的诉讼制度跟英国的有所不同。在美国民事诉讼中也可以使用陪审团，而英国只有在刑事诉讼中才可使用陪审团。在有陪审团的诉讼中，法官不再负责认定事实，转而负责控制诉讼，根据陪审团认定的事实来使用法律。基因工程技术公司聘任的美国律师研究该案的情况后，决定在陪审团人员的组成上做文章，以避免重蹈在英国诉讼失败的覆辙。

　　在美国的民事诉讼中，如果当事人提出采用陪审团模式进行诉讼，那么首先就要组成陪审团。美国法律诉讼中挑选陪审员是一件非常复杂、技术性很强的工作，整个流程由主审法官负责主持。法官助理首先会从当地的选民登记手册中随机抽出候选人名单，然后主审法官根据案件的实际情况确定候选人人数。挑选陪审员时，主审法官和双方律师都得在场。法官首先确定陪审员候选人在法庭中的座位编号，待陪审员候选人按编号坐好后，法官助理会向他们发放调查表。根据不同的案件，调查表的内容也会有所不同，如在环境诉讼的案件中，会问"你对环境保护和工业发展的问题如何看待"，在烟草诉讼的案件中会问"你吸烟吗"之类的问题。调查表还会问及候选人与律师的关系以及与证人的关系。经过调查后，法官会把不适合的人员剔除，之后再由双方律师对陪审员候选人进行遴选。一方律师可以对按编号提出的候选人根据自己的需要进行否决或保留，但一般的情况下，否决权使用的次数不得超过 5 次，不过在法官的允许下，否决权使用的次数也可以增加。基因工程技术公司的律师在遴选陪审员的时候把重点放在了陪审员的知识水平上了，即他们所否决的都是学历高的陪审员。经过遴选后，能参加陪审团的陪审员无一有大学学历，有的甚至只有小学学历。这样就出现了一个奇怪的现象：高科技案件由"文盲"陪审团来审理。由于陪审团的知识水平过低，结果他们对诉讼中辩论双方所谈的 DNA、生物科技等简直是一无所知。他们只是从基因工程技术公司律师口中得知了基因工程技术公司先申请了 t-PA 的专利，那还有什么好争的呢？遗传学研究所的律师在庭上提出生产 t-PA 的技术是基于科学上明显的原理，可这个"明显"是针对科学家和谙熟科学的法律专家来说的，对"文盲"陪审团来说可就不是"明显"的了。最后法院判决遗传学研究所败诉，基因工程技术公司的专利权得到了确认。由于美国是判例法国家，这一判决又成了一个判例，即无论是否"明显"基于原有的科学技术，只要先申请专利即有效。这直接在美国生物学界掀起了申请专利的热潮，而不论其使用的科学是否"明显"。

总的来说，大量申请专利对生物学的发展是一件好事。首先，它把越来越多的人才吸引到这一领域，这促进了生物学的发展。其次，好的专利权授予既保证了专利权人的利益，又使研发得到了充分保证，实现了双赢。

不过现实并不总是这么美好。尽管莫里斯是聚合酶链式反应的发现人，但由于这个发现是他在为西特斯公司工作时发现的，因此属于"职务发明创造"。聚合酶链式反应的专利权因此归属于西特斯公司，而莫里斯只得到了1万美元。此后他因与公司不和离开了公司，彻底和聚合酶链式反应断绝了关系。此后，西特斯公司把聚合酶链式反应的专利权以3亿美元的价格卖给了瑞士罗氏制药公司。罗氏制药公司经过缜密的市场调查后认为，利用聚合酶链式反应盈利的最佳方式就是垄断以聚合酶链式反应为主的诊断检测，这要比卖出聚合酶链式反应的授权更赚钱，这样全世界除了罗氏制药公司之外谁都不能进行以聚合酶链式反应为主的诊断检测了。直到聚合酶链式反应专利权期限即将届满之际，它才授权其他公司进行检测。此外，罗氏制药公司还对聚合酶链式反应机器的制造商收取了较高的专利费。虽然罗氏制药公司的行为无可厚非，毕竟它花了3亿美元才买到了聚合酶链式反应的专利，但这还是阻碍了科学特别是医学的发展。

随着科学界追逐专利的热情日渐高涨，申请专利的种类也越来越多。科学家的律师们除了对制造新生物的方法申请专利，对新生物申请专利，甚至对促进这些发明的想法和概念也申请专利。"哈佛鼠"就是一个典型的例子。20世纪80年代，哈佛大学教授李德所带领的研究小组在研究癌症的过程中培养出了一种特殊的小白鼠。李德和其他研究人员把经过改造的癌基因植入小白鼠的受精卵内，培养出了易患乳腺癌的转基因小白鼠，这种转基因小白鼠因此又被称为"肿瘤鼠"。由于诱发人类癌症的基因同诱发小白鼠罹患癌症的基因极为相似，因此科学家们预测通过研究这种"肿瘤鼠"可以帮助人们了解癌症。但哈佛大学的律师在为这种小白鼠申请专利的时候，并没有把专利权限制在小白鼠上，而是把所有容易罹患癌症的转基因动物都包括在内。

1988年，哈佛大学提出的专利在美国通过。此后，这种容易罹患癌

李德和他的"哈佛鼠"

症的小白鼠因此就有了一个"哈佛鼠"的外号。实际上，由于李德研究小组的实验是由化学巨头杜邦公司资助的，所有研究成果所带来的商业利益也归杜邦公司，所以"哈佛鼠"实际上叫"杜邦鼠"倒更合适一些。虽然杜邦公司资助的哈佛科学家们并没有通过"哈佛鼠"发现抗击癌症的灵丹妙药，但他们却取得了"哈佛鼠"所带来的巨大利益。此后，谁要想利用"哈佛鼠"进行癌症的研究，就要向杜邦公司交纳专利费。由于律师在申请专利的时候，把所有的转基因动物都包括在内，结果给新的研究造成了极大的困难。有的公司想发展容易罹患癌症的新的小白鼠，但因为杜邦公司高昂的专利费而望而却步。那些正在利用已有的容易罹患癌症的小白鼠来检验实验药物的公司也被迫缩减了研究计划。杜邦公司甚至还要求大学实验室公布它们用"哈佛鼠"所做的实验，这理所当然地遭到了多家大学实验室的拒绝。

除了在美国申请专利外，哈佛的律师为"哈佛鼠"在欧洲多个国家和加拿大也申请了专利。这在欧洲和加拿大引起了轩然大波，反对者甚众。不过欧洲和加拿大的反对者反对的理由不仅是"哈佛鼠"可能造成研究的垄断，更多的是基于伦理、安全等多方面的考虑。早在 1985 年，李德的研究小组就向欧洲专利局（European Patent Office，简称 EPO）提出了专利申请。1992 年 5 月，欧洲专利局向哈佛大学颁发了专利证书（欧洲专利号码：EP0169672）。这引起了欧洲多个宗教和动物保护组织的不满，有 6 个宗教或动物保护组织向欧洲专利局提出了异议，请求欧洲专利局重新审核"哈佛鼠"的专利申请。但 2001 年 11 月份，欧洲专利局还是维持了原有的决定，只是对原有专利进行了限制，把"转基因哺乳动物"

限定到"转基因啮齿类动物"。

宗教组织和动物保护组织在失望之余又提起了上诉。宗教组织和动物保护组织反对授予"哈佛鼠"专利权的理由有很多。第一，"哈佛鼠"属于哺乳动物，人类也属于哺乳动物，如果授予"哈佛鼠"专利权，就等于开了一个危险的口子。如果未来技术发展到一定程度，那么就可能有人申请与人有关的专利，这就会威胁到人类的基本伦理道德。第二，长期以来，科学界对科学信息都是实行共享制的，专利私有化的倾向已经逐渐改变了科学界信息公开与流通的机制，使得基础研究数据的应用日益成为问题。第三，如果类似"哈佛鼠"之类的重要研究工具被授予专利，而专利权的范围非常模糊、广泛的话，将有可能阻碍未来进一步的研究工作。专利权人出于种种原因可能提高授权费用或不予授权，从长远看这都对科学研究不利。另外，动物保护主义者还认为抗癌药物毒性都很强，用"哈佛鼠"做实验会使"哈佛鼠"非常痛苦，因此反对将"哈佛鼠"申请为专利。2004年7月4日到9日，欧洲专利局专利上诉委员会就"哈佛鼠"的专利之争举行了听证会，听证会在一片抗议声中结束。欧洲专利局专利上诉委员会决定维持"哈佛鼠"的专利权，但把专利权从"转基因啮齿类动物"进一步限制到"转基因鼠"上。

在加拿大，"哈佛鼠"更是闹得沸沸扬扬。1993年，加拿大知识产权局在审核哈佛大学的"哈佛鼠"专利申请后裁定，"哈佛鼠"不能作为小白鼠来申请专利，但是哈佛大学可以获得易致癌基因及相关实验的专利权。哈佛大学对这一裁决极为不满，先后向加拿大专利申诉委员会和加拿大联邦高等法院提出了申诉，但加拿大专利申诉委员会和加拿大联邦高等法院都裁决维持加拿大知识产权局的决定。2000年，加拿大联邦上诉法院又判决维持加拿大知识产权局的决定。哈佛大学不服，一直上诉到加拿大联邦最高法院。

对于这一诉讼案，加拿大各界议论纷纷。支持"哈佛鼠"专利的有律师界和分子生物学界。"哈佛鼠"属于高级生命形式，长时期以来，对属于高级生命形式的生物能否授予专利的问题一直存有争论。加拿大此前曾经授予过新合成的微生物专利，但从未授予高级生命专利，如果"哈佛鼠"一案原告胜诉，那意义无疑非常重大，这也给律师带来了大量案源。因此备受律师界的支持。对科技界来说，如果"哈佛鼠"的专利申请被驳回，那么企业对分子生物学的发展的兴趣就会减少，科研经费也会相应减少，因此分子生物学界希望"哈佛鼠"的专利能够通过。反对"哈佛鼠"专利的主要有宗教界和环保界，宗教界认为这会导致伦理的混乱，而环保界则担心这会造成生态失衡。最后加拿大联邦最高法院宣布维持加拿大知识产权局的决定，加拿大也成了全球唯一"哈佛鼠"专利申请失败的地方。

总的来说，自从分子生物学能带来利益以来，专利的问题就一直困扰着分子生物学界和企业界。显然只有保护专利权才能促进分子生物学的发展。但产品专利的使用范围只应该限制在它直接创造出的药品等特定产品之上，而不能像"哈佛鼠"那样把可能应用于这项新技术的产品统统包括在内。因此欧洲专利局的做法还是比较正确的，它授予了"哈佛鼠"专利，但把专利限制在"转基因鼠"上，这既保护了专利权人，又避免了分子生物学研究可能产生的垄断，可谓一举两得。

第三节　人类的新时代

尽管存在种种问题，但 20 世纪下半叶诞生的生物科技对人类的意义是不可低估的，它彻底改变了制药业、农业等许多产业的生产方式。以"重组 DNA"技术为核心的基因工程已经成为当代制药业不可或缺的基础，基因工程技术制造的蛋白质被广泛应用于诊断和治疗，使许多以前的不治之症得到医治，原本昂贵的药物成本变得更加低廉。比如侏儒症，这种疾病的病因在于缺乏人类生长激素，医生发现这一点后就将人类生长激素引入治疗。起初医用的人类生长激素都是取自尸体，后来科学研究发现，取自尸体的生长激素有时会导致感染，导致病人患上疯牛病之类的疾病，取自尸体的人类生长激素因此被禁用，幸好基因工程生产的人类生长激素补充了空缺。

生物科技也给贫血患者带来了福音。科学家研究发现贫血患者的特征在于红细胞缺失，如果补充人体内的红细胞就能够减轻该病的症状。在人体之中刺激人体制造红细胞的蛋白质是红细胞生成素，注射红细胞生成素就能够有效地治疗贫血。美国阿姆根公司（AMGEN）和遗传学研究所都看到了红细胞生成素的商业前景，并都用基因工程技术研发出了重组红细胞生成素。后来阿姆根公司打赢了同遗传学研究所的官司，赢得了重组红细胞生成素的专利权。现在阿姆根公司每年通过卖红细胞生成素进账 20 亿美元，迅速发展成生物科技界的巨头，股市身价超过了600 亿美元。

在生物科技诞生的第一阶段，企业界生产的大都是已知具有生理作用的蛋白质，如胰岛素、人类生长激素、红细胞生成素等。此后生物科技进入第二阶段，开始研发未知的蛋白质，这给人类带来更多的福音。单株抗体的研发就是其中一例。抗体是免疫系统制造的分子，它能够同入侵的生物体结合并进行辨识。而单株抗体是由单一制造抗体的细胞株制造的，可以结合到特定的入侵生物体内。分子生物学家希望能够通过单株抗体瞄准对人体有害的入侵生物体，例如艾滋病病毒等。单株抗体的制作方法比较简单，只要将目标物质注入小白鼠体内，诱发免疫反应，再培养产生单株抗体的小白鼠白细胞即可。但通过小白鼠制造的单株抗体无法在人体使用，这是因为人体的免疫系统会将小白鼠单株抗体视为外来物质，并在它们对目标采取行动之前将它们摧毁。基因工程技术诞生后这一难题得到了解决，分子生物学家用基因工程技术制造出人类的单株抗体，这样它们就不会遭到人体免疫系统的攻击。最新一代的单株抗体目前已经成为生物科技发展最快的领域。如强生公司就制造出名为"阿昔单抗"的单株抗体，这种单株抗体可以攻击附在血小板上、促进血块形成的一种蛋白质，可用于防止血小板相连，减少血块在患者体内形成的机会。基因工程技术公司也研发出了主治类风湿性关节炎的新药"依那西普"。类风湿性关节炎的病因源于人体内蛋白质肿瘤坏死因子过量，而"依那西普"的功效就在于其能捕捉蛋白质肿瘤坏死因子，防止它们对人体关节组织造成伤害。

在生物科技的研究中，有时还会出现"有心栽花花不发，无心插柳柳成荫"的现象，生长因子的研究就是其中一例。生长因子是一种促进细胞生长的蛋白质，它被发现后分子生物学家曾经希望通过它找到治疗"渐冻人症"。"渐冻人症"是一组运动神经元疾病的俗称，因为患者大脑、脑干和脊髓中运动神经细胞受到侵袭，患者肌肉逐渐萎缩和无力，以至瘫痪，身体如同被逐渐冻住一样，故被称为"渐冻人症"。由于感觉神经并未受到侵犯，因此这种病并不影响患者的智力、记忆以及感觉。著名的理论物理学学家霍金就是一位"渐冻人"。由于对生长因子了解不多，分子生物学家进行多次实验后一无所获。不过他们却发现了一个有趣的现象，即服药的患者体重都有减轻的迹象，这意味着这种药物有减肥的功能。显然世界上的胖人要比"渐冻人"多得多，为此分子生物学家转而开展起了减肥药的研究，目前研究已经取得了可喜的进展。对磷酸二酯醚的研究也是一个很有意思的例子。磷酸二酯醚能够帮助降低血压，ICOS 公司本来希望通过研究磷酸二酯醚开发出降血压的新药，但在临床实验时，ICOS 公司的专家们意外地发现实验药物有一个特殊的副作用，这种副作用使这种药物具备了同伟哥（一种治疗男性勃起功能障碍的药物）一样的疗效。ICOS 公司的专家们为此迅速改变了研究方向，不过 ICOS 公司并没有等到新药面世的那一天。由于这种新药的市场前景太广阔了，很多大公司都对此垂涎三尺。最后 ICOS 公司被礼来公司收购，礼来公司获得了这种新药的所有权。

生物科技所带来的最大福音是给了人类治愈癌症的希望。在现实生活中，如果一个人得了癌症，实际上就意味他正常生活的终结。陆幼青先生在患癌症后创作的《生命的留言》一书中描述了癌症患者生病后生活的变化："事业没了，为官的实职变成了虚位，经商者会发觉伙伴们变得谨慎了，虽然他们可能比过去待你更好；岗位没有了，老单位的领导会安慰你，再休息休息，有困难提出来；家庭生活变了，子女们倒是比以前听话，但你再看不到他们当着你的面使小性子……"

现代医学应对癌症通常会采用放射线疗法（俗称放疗）或化学疗法（俗称化疗）杀死癌细胞，但是放疗或化疗在杀死癌细胞的同时也会杀死健康的细胞，另外还会产生可怕的副作用。

从人类知道癌症的那一天起，科学界就一直在研究如何治愈癌症。在医学上，癌指的是由上皮组织来源的恶性肿瘤，而其他来源的恶性肿瘤则只被称作恶性肿瘤。由于绝大多数恶性肿瘤病例都是癌，因此在一般用途上癌已成为恶性肿瘤的代名词，其他种类的恶性肿瘤也常被称为癌或癌症，例如白血病就被称为血癌。癌症的种类繁多，有肺癌、肝癌、胃癌、皮肤癌和子宫颈癌等多种类型。尽管看上去像不同的疾病，但肿瘤的繁殖都有共同的特点，即无节制的生长和异常的细胞扩散。正常的细胞生长受到人体内许多因素的严格约束和控制，不会无序生长。胎儿的发育就是比较典型的例子。在胚胎时期细胞生长速度特别快，到胎儿"成熟"之后，由于受调节因子的影响，发育中止并脱离母体来到人间。皮肤受损伤后也是一样，皮肤受损之后细胞会加快生长直到皮肤完全修复为止。当然也会有过度生长的现象，不过完全无序的生长却不会出现。而癌细胞的增生则不受人体调控机制的约束，它会在正常区域内无限制地繁殖和增长。从癌症的症状看，癌症是非常可怕的，因为癌细胞的无限增长与扩散会导致有机体的毁灭。从细胞水平看，所有的癌症都是遗传病，因为恶化了的细胞如果不把恶性特征传给子细胞，就根本不会发生临床上的癌症。但从家族和个体的水平看，遗传性的癌症只占很少的一部分。

在生物科技诞生之后，研究人员为了克服放疗、化疗的弊端，决定寻找关键的蛋白质，即促进癌细胞生长与分裂的蛋白质（这些蛋白质很多是生长因子），然后发展锁定这些蛋白质的药物。对科学家来说，研制出能对付目标癌细胞，却不会危害其他重要蛋白质的药物，不啻一场严峻的挑战。由于研制新药需要历经先期研制、临床实验、国家批准、广泛应用 4 个阶段，整个过程相当漫长，一般都在 10 年以上。

目前，利用分子生物技术生产出来的抗癌药物还比较少。由瑞士诺华药业（NOVARTIS）公司发明的 Gleevec（又称 STI-571）就是其中的一种，不过 Gleevec 实际上并不是严格意义上的抗癌药物，它主要治疗的是白血病，也就是血癌。Gleevec 的主要功效在于对抗慢性粒细胞白血病。慢性粒细胞白血病是因为骨髓造血组织产生过多的白细胞造成的，占所有成人白血病的 15% ~ 20%，是白血病治疗的一大难题，每年有 4 500 个美国人被诊断出患有慢性粒细胞白血病。Gleevec 是通过攻击慢性粒细胞白血病癌症细胞中一种称为 BCR-ABL 的异常蛋白质，阻断它们刺激癌细胞生长的活动来杀灭癌细胞的。不过刚开始科学家的意图并不在此，起初科学家认为蛋白质通常都扮演着"传达信息"的角色，对于癌细胞来说如果切断它的这个信息那么它的生长就会出现问题。Gleevec 原本的目标是通过阻挡异常蛋白质，导致癌细胞无法传达"生长癌肿瘤"的信息。但是，研究人员在实验中意外发现，在切断癌细胞与 BCR-ABL 蛋白质的联系后，癌细胞竟然死亡了。这使研究人员意识到 Gleevec 的重要作用，并开始了新的研究。研究结果显示，Gleevec 的药效十分显著。在对 54 个接受化疗无效的慢性粒细胞白血病病人进行的实验中，有 53 个病人在服用 Gleevec 后，血液中白细胞数量恢复正常。这样显著的疗效，使美国食品与药品监督管理局在 2 个月时间内就批准了这种新药，批准速度十分惊人，因为一般药物最快也需要 6 个月以上的时间。

在发现 Gleevec 可以对抗慢性粒细胞白血病后，研究人员还发现 Gleevec 有助减轻胃肠基质肿瘤患者的病情，在治疗胃肠基质肿瘤方面有相当显著的效果。胃肠基质肿瘤是一种十分严重的癌症，患者往往会在患病后一年内死亡，死亡率极高。研究人员在临床实验中发现，在 83 名服用 Gleevec 的胃肠基质肿瘤病人当中，有 51 人出现病情减轻的情况，对于这种连化疗和放疗都无能为力的癌症来说，是个很大的成就。研究人员目前正在研究 Gleevec 是否能够和其他药物结合，用来治疗其他癌症。

当然，对于某些不幸的患者来说，他们服用 Gleevec 后病症还会复发，原因在于细胞膜上受体蛋白质编码的基因发生了新的突变，使 Gleevec 失去了疗效。此外，Gleevec 也有其潜在的副作用，每 5 个服药的病人当中，就有一人会出现出血现象。在副作用发生时，必须改变分量或暂停服用药物，以免发生生命危险。不过至今尚没有人因为 Gleevec 的副作用导致死亡。然而 Gleevec 价格也不便宜，病人用药每个月就需要花费 16000 元至 18000 元人民币。为了协助贫穷的病人，发明 Gleevec 的瑞士诺华药业公司计划为那些贫困的癌症病人免费提供药物，那些薪水较低或没有医疗保险的病人还可以获得补贴。

在抗癌药物锁定的蛋白质中，表皮生长因子（简称 EGFR）由于在癌细胞中的数量比在正常细胞中高出很多，易于被抗癌药物锁定而格外受到科学家们的重视。科学家现在已经发展出了数种用于阻断表皮生长因子作用的有效药物，并已用于临床实验。锁定特定蛋白质的药物虽然功能强大，但由于人体内的癌细胞会产生抗药性，因此锁定特定蛋白质的药物在初期使癌症患者病情缓解后，癌症患者仍然有病症复发的危险。为此科学家决定改变思路，开发新的抗癌药物。

哈佛大学教授福克曼在 20 世纪 60 年代提出的一种抗癌思路引起了科学家的高度重视。福克曼教授认为，癌细胞对人类的最大的威胁在于它会不受控制地生长，而癌细胞同普通细胞一样只有在有营养的情况下才能维持生长，只要切断癌细胞的营养源，就可以阻止癌细胞的生长。一般来说，癌细胞都是从附近的血管里吸取营养的，只要阻断通往肿瘤的血管，就可以"饿死"癌细胞，达到抗癌的目的。此外，可以以肿瘤是否被新形成的血管浸润来判断肿瘤的危险性，只有被新形成的血管浸润的肿瘤才有危险性。但福克曼教授的真知灼见在当时因为缺乏必要的研究手段而未能付诸实施。

到 20 世纪末，科学家发现 3 种对血管内皮细胞生长有重要作用的生长因子后，科学家才找到了把福克曼教授的理论付诸实践的办法。科学家希望能够利用这 3 种生长因子研制出抗血管生成的抑制剂，以防止血管浸润肿瘤，最终杀死癌细胞。目前，位于美国旧金山的苏根公司已经研发出 2 种特定的小分子药物，这种药物能够有效地防止血管浸润。加利福尼亚大学旧金山分校的科学家在进行实验时发现，苏根公司已经研发的小分子药物在搭配使用时对"哈佛鼠"疗效显著。目前该药还在实验之中。此外，科学家还在人体体内发现了一些可以抑制血管生成的蛋白质，它们也能够有效抑制血管浸润。目前科学界已经分离出了 2 种蛋白质，分别是癌细胞血管阻断素和血管增生抑制剂，该药已经进入了临床实验阶段。虽然人类含有的此类蛋白质都很少，但通过基因工程技术，科学家已能够通过酵母菌来生产这 2 种蛋白质。虽然这 2 种蛋白质哪一种单独使用都没有显著的疗效，但科学家对"哈佛鼠"的实验已经证明，一种小分子药物或许没有太大的疗效，但将 2 种药物搭配使用，则会产生显著的效果。那么，如果将癌细胞血管阻断素和血管增生抑制剂混合使用，会不会产生良好的效果呢？科学家正在对此进行研究。

对于癌症，现在科学家已经找到了解决问题的办法，即不给癌细胞饭吃。这样虽不能治本，但能控制癌症的发展。控制癌症的发展有什么意义呢？我们都知道以现有的医疗条件高血压是无法根治的，但通过降压药控制，高血压患者就可以像正常人一样生活。癌症也是一样，通过抑制癌细胞增长，癌症也会成为像高血压一样的疾病，不再是绝症。不过这只是一种很理想的推测，要实现这一目标还需要时间。但是，生命科技的诞生创造了抗癌的新路，希望在不远的将来，遏制癌细胞生长的新药能很快问世。

第七章
战胜遗传病

第一节　亨廷顿氏症

　　如果在大街上看到一个走路摇摇晃晃的人，人们都会认为他是一个醉鬼，并会一笑置之，因为这在生活中太常见了。但谁也不会想到，他可能是一种可怕的遗传病——亨廷顿氏症的受害者。1968 年，莉欧娜的女儿爱丽丝和南希都很忙，她们想给父亲、精神病医生米尔顿好好过一个生日。然而在父亲六十大寿那天，父亲说的一件事情让原本喜庆的气氛烟消云散。米尔顿告诉爱丽丝和南希姐妹俩，她们的母亲患上了亨廷顿氏症（又称亨廷顿氏舞蹈症）。这是一种可怕的神经失调症，患者患上这种病后脑部会逐渐退化，他们会忘掉周围的一切（包括最亲爱的人），手脚也会失去控制。起初走路会受到影响，随着病情的恶化，患者会发生不由自主的痉挛。当时还没有有效的药物可以治疗这种病症。爱丽丝和南希知道她们的 3 个舅舅都是英年早逝，他们在去世前都出现了走路不稳、说话模糊不清的情形。她们也知道外祖父也是在年纪轻轻时去世的，虽然母亲没有告诉她们外祖父去世时的详情，但她们知道情况也应该差不多。这时她们意识到她们家族有亨廷顿氏症的家族病史。她们除了为母亲悲伤以外，也很关心一个问题，就是自己染上这种病的概率有多大。虽然米尔顿不想说，但他不得不告诉自己的女儿，她们有 50% 的概率染上这种可怕的疾病。

莉欧娜一家并不是该病唯一的受害者，在全世界每 1.5 万人中就有一个人患有这种病。同患病相比，照顾患者有时更令人难以忍受。对美国佐治亚州汉普顿市的凯萝来说，亨廷顿氏症简直就是家族的噩梦。她的丈夫霍伊特在 30 多岁患上亨廷顿氏症，她丈夫的姐姐早就因患该病去世，她丈夫的哥哥在得知自己得了亨廷顿氏症后就自杀了。在丈夫霍伊特生病之后，凯萝一面照顾自己的三个儿子，一面照顾生活渐渐不能自理的丈夫，一照顾就是 20 年。在丈夫 1995 年病逝后，她又不得不照顾自己两个生病的儿子。后来，由于小儿子詹姆士也出现了患病的症状，她只好把 2 个大儿子送到了私人疗养院，照顾起了詹姆士。最后绝望的她于 2002 年 6 月 8 日在疗养院枪杀了自己的两个儿子。詹姆士对《纽约时报》的记者说，在他心碎的母亲扣动扳机之前，亨廷顿氏症已经杀死了他的两个哥哥。

在中国，湖北省武汉市蔡甸区的艾氏家族就是亨廷顿氏症的受害者。阿玲是一个美丽的女孩，正处在花季，但忧愁和恐惧却让她不得欢颜，因为她的家族遗传着一种怪病。最早发病的是阿玲的奶奶，阿玲的奶奶发病的时候只有 40 多岁，平日身体健康的她突然开始舞动不休，并且症状越来越严重。这不仅使阿玲的奶奶丧失了劳动能力，连吃饭都成了问题。据亲属回忆，刚开始发病的时候，阿玲的奶奶吃一碗饭要花 1 个多小时，随着病情的加剧，吃饭的时间越来越长，后来，吃一碗饭花了 7 个多小时，结果阿玲的奶奶很快就去世了。阿玲的奶奶共生有 2 女 5 男，其中 6 人患此病。大女儿和大儿子病发早已离世，二儿子因不堪疾病的折磨而自杀，目前在世的三人均患病在身：阿玲的父亲及父亲的两个弟弟。阿玲的父亲年轻时曾是一名海军军人，健康英俊。退伍后，阿玲的父亲曾到深圳打工，那段日子是阿玲一家最快乐的时光。但患病之后，一切都改变了。阿玲的父亲整日把自己关在屋里，除了看病，再也不出门半步，人也发生了巨大的变化，从一个性格温和的人变得暴躁易怒。一次因为女儿说了几句气话，就把女儿推到炉子上，结果烫伤了女儿。阿玲是艾家的第三代，这代人共有 13 个兄弟姐妹，有三个患病，其中她二伯的一个女儿在 11 岁时发病，14 岁时就去世了。阿玲第一次感到了死亡的恐惧，她说："以前我还不是很怕，但二伯的小女儿死后，我感到深深的恐惧。"这种困扰艾氏家族的怪病让同村人谈之色变，各种古怪的传闻不胫而走，有村民说，阿玲家的房子盖在了一座坟上，她的家族遭到了鬼魂的诅咒。更可悲的是，当地的医生也没有诊断出这种病显然是亨廷顿氏症，最后还是阿玲考上医学院后自己发现的。

这个成为莉欧娜家族、艾氏家族等许多家庭梦魇的疾病是美国医生乔治·亨廷顿首先确认的。乔治·亨廷顿 1850 年 4 月 9 日出生于美国长岛一个医生世家，自幼就随同父亲学习医学。在获得哥伦比亚大学医学学士学位后，他返回家乡行医。在行医过程中他注意到了一种特殊的病症，在乔治·亨廷顿晚年的时候，他回忆说："50 年前，我和父亲去探访病人时，第一次看到患'那种病'的病人。当地都用'那种病'来称呼那种可怕的疾病。当时的情景现在回想起来还历历在目，恐怕我这辈子都不会忘记。那时我正同父亲开车从东汉普敦到阿玛干塞特，在经过一片树林时，我看到 2 个背部佝偻、手脚扭曲、脸孔歪斜的妇女。我被吓坏了，几近恐惧地看着她们，心想她们是怎么了？父亲下了车，同她们说了几句话后我们就继续前进。从我看到病人的那一刻起，我就决定把'那种病'作为自己献身医学的处女作。从那一刻起，我对这种疾病的兴趣一直都没有停止过。"

在家乡行医一段时间后，乔治·亨廷顿又到俄亥俄州行医，在此期间，他对"那种病"的研究一直没有停止。他靠自己平日里的观察和父亲及祖父的临床笔记，对"那种病"有了深刻的了解。22 岁时，乔治·亨廷顿发表了《论舞蹈症》的论文。从 17 世纪开始，医生们就用希腊文的"舞蹈"一词来称呼会造成痉挛动作的疾病。因此乔治·亨廷顿就将"那种病"命名为"舞蹈症"，后来此病被称为亨廷顿氏舞蹈症，简称亨廷顿氏症。在论文中，乔治·亨廷顿详细描述了舞蹈症的具体症状。他写道："当未受影响的肌肉也开始出现痉挛动作时，舞蹈症的病症会逐渐加重，直到影响全部肌肉为止。随着病情的发展，人的精神也会或多或少受到影响。

有的人会彻底发疯，有的人则会逐渐精神失常，直至死亡。"乔治·亨廷顿在论文中肯定舞蹈症是一种遗传病。当父母之中有一个患病，他们的一位或一位以上子女必定会患病，这种病不会隔代遗传，如果父母没有患病，那他们的儿女也会逃过一劫。

在孟德尔提出遗传学定律后，人们开始用遗传学的理论来分析亨廷顿氏症。人们通过研究患亨廷顿氏症者家族成员的患病情况，发现这种疾病是基因突变导致的。由于这种基因不会表现在特定的性别上，因此科学家确定这种异常基因不在性染色体 X 或 Y 上，而在常染色体上。将这种基因的正常基因称为 H，将它的突变型称为 h，由于常染色体是成对的，所以就会有两个成对的亨廷顿氏症基因。有两个正常基因 HH 的人不会患病，而只拥有一个异常基因 Hh 或两个异常基因 hh 的人则会患病。由于得到一个异常基因的概率要大于得到两个异常基因的概率，所以大多数亨廷顿氏症患者的基因都是 Hh。这些患者既有可能把 H 传给子女，也有可能把 h 传给子女，因此他们的子女有 50% 的概率患上这种病，这也是米尔顿之所以告诉爱丽丝和南希她们的患病概率是 50% 的原因。

在 1968 年，科学界对亨廷顿氏症虽有所了解，但对如何治疗此病却束手无策。米尔顿眼见自己的妻女都要因亨廷顿氏症离自己而去，不愿坐以待毙，下定决心向这种疾病宣战。他发起成立了遗传病研究基金会，四处筹集研究亨廷顿氏症的经费。此外，他还向政府呼吁，希望提供更多的资金进行亨廷顿氏症的研究。女儿南希目睹了母亲的痛苦后也加入了亨廷顿氏症的研究行列。在大学期间，南希就把自己的研究方向放在了亨廷顿氏症上，她的心理学博士论文研究的就是可能患病者的心理状态(这实际上是在研究自己)。大学毕业后，南希加入了父亲建立的基金会。在基金会工作期间，她接触到了很多遗传学的知识，认识到只有在分子水平上了解亨廷顿氏症的遗传机理，才能最终攻克该病。为此南希研究起了遗传学，并成了遗传学家。

1979 年，南希来到委内瑞拉，在委内瑞拉的马拉开波湖畔开始了对亨廷顿氏症的遗传学研究。马拉开波湖畔附近的村庄是亨廷顿氏症的高

南希与委内瑞拉儿童

发区，在这里进行亨廷顿氏症的研究，无疑是最合适的。尽管身处异国他乡，但南希看到这里的亨廷顿氏症患者时却感到非常熟悉，因为她从他们身上可以看到自己母亲的影子，她对亨廷顿氏症患者的特殊情感是一般研究者所没有的。正像她的委内瑞拉同事奈格瑞提（委内瑞拉最早的亨廷顿氏症研究者）说的那样："她把患者当成自己的家人，每次同患者打招呼的时候都真诚自然，毫不做作，眼睛里充满了亲切。"患者也没把南希当外人，他们亲切地称她为"金发姑娘"。在当地人的帮助下，南希的研究进展得比较顺利。她在当地收集 DNA 样本，记录家族病史，建立当地所有患者的家族谱系，这些最后都获得了成功。但这时南希发现利用在马拉开波湖畔建立的亨廷顿氏症患者家族谱系无法找到亨廷顿氏症的致病基因。南希不能成功的原因是她无法用人来做实验。

　　一般来说，要找到亨廷顿氏症基因，南希就得用和摩尔根一样的办法，只不过要把实验对象由果蝇换成人。如摩尔根在实验的时候让不同性状（例如红眼果蝇同直翅果蝇）的果蝇亲代交配，比较这些遗传标志同时发生在子代的比率，然后利用这些数据，找出控制这些性状的基因在染色体上彼此距离的远近，以此找到控制基因。而用人来做这样的实验在道德上是绝对不允许的。另外，即使人可以随意交配，实验也无法成功，这是由于人体缺乏遗传标志。人体是极为复杂的，如人眼睛的颜色就由数个基因控制。在人体之中，容易遗传又容易分析的性状并不多。此外，摩尔根在对果蝇的实验中常用照射 X 光的办法制造基因突变以提高遗传变异的速度，而对人体显然不能采用这样的方法。由于技术、道德等方面的原因，南希的研究后来一直没有什么进展。

　　在进入 DNA 定序时代后，这一问题才得到解决。在人类能够对 DNA 定序后，无需观察遗传标志，直接观察 DNA 序列是否有变异就行了。只要分析数代的 DNA，就可以找到变化的 DNA。首先进行这方面研究的是麻省理工学院教授波茨坦和斯坦福大学教授戴维斯。他们是在 1978 年美国犹他大学的聚会上认识的。犹他大学每年冬天都有一个特定的活动，由研究生导师带着他们指导的研究生去美国瓦塞山脉的阿尔塔滑雪胜地参加冬令营，在学习的同时也参加高山滑雪运动。除了本校的师生参加之外，这个活动也会邀请一些著名的科学家参加。1978 年，波茨坦和戴维斯都应邀参加这个活动。二人在冬令营里一见如故，谈得十分投机。他们参加一个研讨会后发现他们除了做朋友之外，还可以成为科研的伙伴。在这个研讨会上，犹他大学教授斯科尼克的研究生们讨论了摩门教（基督教的一个支派，主张一夫多妻制）教徒家族中发现的遗传疾病。

　　听了研究生们的讨论后，波茨坦和戴维斯突然想到了找出人类基因的方法：即用"重组 DNA"技术把摩尔根研究果蝇的一套方法套到人类上来。这种研究基因的方法被称为"连接分析"，即根据特定基因地标的已知位置，决定一个基因的位置。它的原理很简单，比如不给你任何信息，你在中国地图中就很难找到廊坊市这个地方，但如果告诉你一些信息，比如廊坊在北京和天津之间，寻找廊坊就是一件很容易的事了。连接分析就是把这个原理用到了基因上，通过基因标志（如北京和天津）和未知基因的关系（如廊坊）来寻找未知基因，确定基因标志使用的是限制酶技术。我们知道限制酶只能切断特定的 DNA 序列，如 EcoR1 限制酶只有在遇到 GAATTC 时才会切断 DNA。特定的 DNA 序列都发生在特定的基因组位置。但当基因发生突变后，有些 DNA 序列就可能发生变化，如 GAATTC 变成 GAAGTC。这样限制酶只能切断没有改变的原序列，而无法切断改变后的序列。这被称为"限制酶切割长度片段多样性"，利用它就可以确定基因标志。

　　除了波茨坦和戴维斯外，犹他大学教授斯科尼克和马萨诸塞州教授怀特也参加了研究队伍。他们对"限制酶切割长度片段多样性"进行了细致的研究，于 1980 年发表了有关的科学论文。在论文中他们说明了运用"限制酶切割长度片段多样性"可能的运用方式，并说明了找到多少限制酶切割长度片段，才能确保人类基因组的每一点都在一个基因标志的合理范围之内（这就像在中国地图中标注出各省的省会一样）。根据波茨坦等人的估计，只要有 150 个基因标志就可以了。对遗传病研究来说，这个方法提供了寻找致病基因的新方法。从患遗传病家族取得患病者和未患病者的 DNA 样本后，利用"重组 DNA"技术——测试"限制酶切割长度片段多样性"，就可以追踪到致病基因的踪迹。

当基因标志连接分析技术出现之后，科学界在用它来寻找亨廷顿氏症致病基因的问题上产生了严重分歧。波茨坦和怀特等人认为用基因标志连接分析技术寻找亨廷顿氏症致病基因为时尚早，首先要做的是绘制人类基因组图谱。而南希则不想等那么久，她希望能够马上用基因标志连接分析技术来分析在马拉开波湖畔找到的亨廷顿氏症患者家族谱系。由于两派都无法说服对方，遂各自向自己的独立方向发展。南希着力于寻找亨廷顿氏症的致病基因，而波茨坦等人则致力于建立人类基因组图谱。

波茨坦等人在新成立的合作研究公司的支持下开始了构建人类基因组图谱的工作。不过这跟人类基因组计划不同，他们的任务主要是寻找每个染色体上的基因标志。基因标志的数量必须足够多，这样才能保证基因组的每一点都在基因标志的周围。随着寻找基因标志工作的进行，波茨坦等人很快发现，他们原定的 150 个基因标志远远不够，必须进行修正。经过数年的艰苦研究，1987 年波茨坦等人终于完成了研究，并发表了学术论文《人类基因组的基因连接图谱》。波茨坦等人在基因图谱中共标出了 430 个基因标志，这远远多于波茨坦原来估计的 150 个。根据波茨坦等人的测算，人类基因组中 95% 的基因都在这 430 个基因标志的范围内。但是波茨坦等人公布的基因组图谱却遭到了科学界的严厉批评，科学家认为波茨坦等人划定的基因组图谱的基因标志分布很不平均，在第 7 号染色体上有 63 个基因标志，而在第 14 号染色体上只有 6 个。在基因标志少的染色体上，基因标志之间的距离比整个基因组的平均值要大得多，这显然是不严谨的。不过波茨坦等人的努力并没有白费，它证明了制作整个基因组图谱是可行的，另外他们制作的图谱也是有一定价值的。

在波茨坦等人致力于建立基因组图谱的同时，南希等人也开始用基因标志连接分析技术来寻找亨廷顿氏症的致病基因。南希又回到马拉开波湖畔进行研究，她首先对她已经建立的遗传谱系进行了调整。她希望弄清楚里面人的确切关系，如哪两位是夫妻，哪两个是兄弟。这项工作也是比较艰难的，部分原因是当地人姓名过多，例如很多人都有 2 个名字。在南希建立的一个家族的家谱上，竟然有 1.7 万个名字，其工作难度之大可想而知。在调整遗传谱系的空隙，南希和她的同事还要花一定时间来收集血液样本，为了防止马拉开波湖畔的炎热气候破坏样本，样本收集完后都要立即送往波士顿，供那里的研究人员进行分析。

在南希展开研究的同时，其他科学家也开始了寻找亨廷顿氏症致病基因的研究。麻省理工学院的豪斯曼教授就是其中一个，不过由于他太忙，他把这项工作交给了他的博士吉姆·古塞拉。吉姆·古塞拉的研究也是从寻找基因标志开始的。1982 年，他共找了 5 个基因标志，朋友给了他 7 个，加起来一共 12 个。此后他从爱荷华州一个亨廷顿氏症患病家族那里取得了 DNA 样本，之后从自己的 12 个基因标志中挑出了 5 个，看他们是否与亨廷顿氏症有关，结果一个都没有。尽管如此，吉姆·古塞拉仍然信心十足，他在冷泉港实验室举行的科学会议上表示"找到亨廷顿氏症的致病基因只是迟早的事"。对此，几乎所有与会科学家都认为他是在痴人说梦。不过，吉姆·古塞拉的运气实在太好了。在他用其他基因标志对 DNA 样本进行实验的时候，他惊奇地发现标号为 G8 的第 12 个基因标志似乎同爱荷华州的患病家族的亨廷顿氏症有关。但是他还缺少更确凿的证据，他需要资料。正好这时南希提供了马拉开波湖畔的样本，经过分析检测，吉姆·古塞拉证明 G8 的确与亨廷顿氏症有关。

这可真是一个惊人的发现，这是第一次在没有借助性别连接，对疾病的生化基础一无所知的情况下，在染色体上找到了一种疾病的基因标志的位置。这意味着从此以后人们可以利用"限制酶切割长度片段多样性"来精确分析人类所有的遗传缺陷，找出遗传病的致病基因。随着科学技术的发展，运用"重组DNA"技术分离出致病基因，找出克服遗传病的方法，就变成了一个时间性的问题，不再遥远了。

第二节　寻找致病基因

在科学界掌握了寻找遗传病致病基因的方法后，寻找致病基因的工作就开始了。科学家们首先关注的是杜显型肌肉萎缩症（简称DMD）。这是一种进行性肌肉萎缩症，也是一种性遗传疾病，致病的原因在于X染色体上的一个基因发生突变。由于带有这种突变基因的男子几乎都无法活到能够传宗接代的年龄，所以女子同时有2个不正常基因的概率非常小。女子如果2个X染色体中只有一个发生了基因突变，通常会因另一条染色体上的等位基因是正常的而不发病。但女子如果把带有突变基因的染色体遗传给儿子，那他（儿子）由于没有X性染色体来提供正常的基因复本，就一定会罹患这种疾病。同亨廷顿氏症不同，杜显型肌肉萎缩症在幼年就会发病。在患者5岁左右的时候，他很难能自己走路；到10岁的时候，他就不得不与轮椅为伴；到20岁左右，他的生命就会终结。杜显型肌肉萎缩症在新生儿中比较常见，据统计，在5 000名新生儿中就有1名杜显型肌肉萎缩症患者。

长期以来，在各种肌肉萎缩症基金会和研究组织的支持下，科学家们一直在进行有关杜显型肌肉萎缩症的研究。20世纪70年代末，遗传学家在一群罹患杜显型肌肉萎缩症的女童身上发现，在她们X染色体短臂上标号为Xp21的位置上有异常现象，这同杜显型肌肉萎缩症是否有关？由于当时缺乏必要的技术手段，遗传学家没有进一步的发现。到20世纪80年代，问题才得到解决。伦敦圣玛丽医学院教授威廉森率先采用基因标志连接分析技术来寻找杜显型肌肉萎缩症的致病基因，他的同事凯把重点放在了Xp21区域上，结果获得了成功。

在科学家们积极寻找患病基因的时候，南希等科学家又开始向新的方向前进。南希知道通过基因标志连接分析技术不仅可以找出基因的位置，也可以用于诊断某人是否带有这种突变基因，甚至可以用于检测胎儿。例如，如果有一个男孩被检测出患有杜显型肌肉萎缩症，那么基本可以确定他的母亲带有该病的致病基因，他母亲的姐妹也可能携带有这种基因。如果这个母亲还想生第二个孩子，并怀了一个男孩，那么这个胎儿就有 50% 的概率患上杜显型肌肉萎缩症。使用基因标志连接分析技术则可以分析出这个男孩未来的命运。首先研究人员要分析患病男孩的染色体，找出在这个家族中连接至杜显型肌肉萎缩症基因的基因标志，然后从含有胎儿 DNA 的胎盘或羊水中取出胎儿的 DNA。如果胎儿的基因标志同患病男孩的基因标志相符，那么胎儿在出生后就很可能患病。不过这种方法并不能保证百分之百的准确。原因在于当卵细胞产生的时候，两条染色体会发生重组，互换 DNA。如两条 1 号染色体会互相交换，性染色体也会互相交换。如果交换发生在 X 染色体基因标志与杜显型肌肉萎缩症基因之间，则连接正常基因的基因标志有可能会变成连接突变的基因，这种情况大约有 5%，但这种情况就会造成误诊。所以尽管这种诊断技术已经是极大的进步，它还是不能保证百分之百的准确。要达到百分之百的准确，就需要找到杜显型肌肉萎缩症基因本身。

哈佛大学医学院昆克尔教授首先进行了这方面的研究。他的研究对象是一名叫布莱尔的患病男孩。布莱尔同其他患者不同，他患杜显型肌肉萎缩症不是由于基因缺陷导致的，他根本就没有杜显型肌肉萎缩症基因。昆克尔认为，利用布莱尔的 DNA 可以从正常男孩那里"钓出"正常的 DNA。布莱尔的 DNA 在正常男孩身上都能找到，而他没有正常男孩拥有的 DNA 序列就是关键所在。

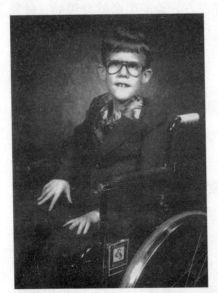

患病男孩布莱尔

昆克尔利用"重组 DNA"技术，把布莱尔的 DNA 从正常 DNA 中除掉，然后剩下的 DNA 就是包含有杜显型肌肉萎缩症基因的 DNA。

　　昆克尔教授的研究生托尼·莫纳克也参加了导师的研究。在莫纳克进行这方面的研究时他首先面临的问题是如果 Xp21 区的 DNA 片段是构成杜显型肌肉萎缩症基因的一部分，那么究竟哪一个片段才是呢？这就要拿几个没有血缘关系的杜显型肌肉萎缩症患者的 DNA 进行比对才能找到答案。托尼·莫纳克经过 8 次实验后才最后取得成功。他在实验中发现有 5 个患杜显型肌肉萎缩症的男孩都缺乏标号为 pERT87 的 DNA 序列，这说明 pERT87 可能就是杜显型肌肉萎缩症基因。托尼·莫纳克于是开始分离 pERT87 附近的 DNA 序列，结果发现杜显型肌肉萎缩症患者也缺乏这些 DNA 序列。经过努力，到 1987 年的时候，昆克尔研究小组已经成功分离出了杜显型肌肉萎缩症基因，此后这种基因被命名为"肌肉萎缩蛋白基因"。在人类基因组中，肌肉萎缩蛋白基因也是最大的基因（这是由于它有最大的插入序列）。

　　找到肌肉萎缩蛋白基因只是研究的第一步，关键在于如何通过肌肉萎缩蛋白基因找到防治杜显型肌肉萎缩症的办法。这首先需要找到肌肉萎缩蛋白基因制造蛋白质的位置。昆克尔小组的研究人员霍夫曼在研究中发现，肌肉萎缩蛋白基因所制造的肌肉萎缩蛋白质位于肌细胞中，在包覆细胞膜的下方，进一步的研究发现了肌肉萎缩蛋白在人体中的重要作用。肌肉萎缩蛋白在细胞内部分子和细胞膜分子之间起着连接作用，细胞内部分子与细胞膜分子之间的连接，可以在肌肉收缩与放松时保护细胞膜。如果人体中缺乏肌肉萎缩蛋白，细胞膜就会失去保护，肌肉细胞也会一一死亡，这样肌肉就会逐渐萎缩，最后死亡。尽管查明了肌肉萎缩蛋白的位置和作用，但昆克尔小组并没有找出治疗杜显型肌肉萎缩症的方法。这倒并不奇怪，科学家找出了很多病症的病因，但都无法医治，这还有待于科学的进一步发展。昆克尔小组研究的最大意义在于它证明了基因组图谱在研究疾病上的重要作用。在此之前，人们都是用生化方法来分析疾病症状，然后在分析的基础上找出致病基因的。而在昆克尔之后，人们就可以先制作这个基因的图谱，然后根据基因的功能来解释病症。这种方法的好处在于在没有弄清疾病基因之前就可以诊疗疾病。如在寻找杜显型肌肉萎缩症时获得的基因标志，就可以用于诊断。

后来这种方法也被用在了囊状纤维症的研究中。囊状纤维症是一种很常见的遗传病，在北欧尤为流行。据统计，北欧每 2500 人中就有 1 人患有此病。北欧流行该病的原因在于北欧人拥有一个突变基因的比例较高（突变基因携带者因为还有一份正常基因，所以不会发病），这样两个拥有突变基因的男女结合所生育的子女带有两个突变基因的比例就很高。囊状纤维症的患者肺部通常会堆积大量的黏液，致使患者呼吸困难。由于肺部细胞无法清除这些黏液，细菌会在这些黏液中滋生，造成肺部感染。在抗生素还没有诞生的时代，囊状纤维症患者的死亡率很高。

首先对囊状纤维症进行研究的是徐立之教授。徐立之出生于上海，长于香港。中学就读于何文田官立中学，后考入香港中文大学新亚书院生物系学习。由于家境贫寒，身为长子的他只能靠当家庭教师维持学业，所有功课只有生物得了 A，不过他还是顺利完成了学业。1972 年获香港中文大学理科学士学位，1974 年获香港中文大学哲学硕士学位。大学毕业后，徐立之打算到国外留学，于是向 50 多个国外大学发了简历。其中 3 所学校表示可以让他去读书，但没有奖学金，这让徐立之十分苦恼。这时刚好有一个国外的访问学者，向他介绍说美国匹兹堡大学有一个教授招生，还可以提供奖学金。徐立之遂于 1974 年来到美国，开始从事研究工作，并于 1979 年获得了匹兹堡大学博士学位。他在美国研究病毒的时候，学习到了分子遗传学的知识，并逐渐完成了研究方向的转型，成为知名的分子遗传学家。

1981 年，徐立之进入由加拿大著名学者布契瓦德领导的位于多伦多的实验室，开始了对囊状纤维症的研究。他打算通过基因标志连接分析技术来找出囊状纤维症基因，为此在研究初期，他花了几年时间来追寻罹患囊状纤维症的家族，收集他们的 DNA 样本。此后，徐立之用自己拿到的每个基因标志对自己收集到的 DNA 样本进行测试，试图找到他们之中的关系，结果一无所获。这时他已经没有基因标志进行实验了，如果他再去

基因追踪者徐立之

寻找基因标志，还需要几年的时间，这让徐立之十分焦急。这时合作研究公司表示愿与徐立之合作，并向他提供了公司掌握的基因标志，这样徐立之的研究才得以进行下去。

在徐立之苦心研究的同时，其他科学家也加入了研究的行列。如伦敦圣玛丽医学院教授威廉森、犹他大学教授怀特等。对囊状纤维症的研究顿时变成了生物学界的一场竞赛。在这场竞赛中，徐立之首先取得了胜利。他在1985年率先发现了与囊状纤维症连接的基因标志，不过当时他还没有确定这个基因标志的具体位置。合作研究公司知道这个发现在商业上的意义，他们迅速投入了全部的研究力量，确认这个基因标志在第7号染色体上。然而合作研究公司却没有通知它的合作伙伴徐立之，徐立之在《科学》杂志上发表的论文也没有提到这个基因标志在第7号染色体上，不过这个消息很快就流传开来。这时，威廉森和怀特也发现了这个基因标志的位置，他们各自完成了自己的论文，并将论文交给了著名的《自然》杂志。这样，本来最早发现基因标志的徐立之就从竞赛的冠军变成了失败者。对合作伙伴的欺骗行为，徐立之几乎怒不可遏。不过合作研究公司这时同《自然》杂志进行了交涉，最后《自然》同意同时发表徐立之（与合作研究公司合作）、威廉森、怀特三人的论文，三方分享了这一发现权。

这场科学闹剧在1985年12月终于收场，各方同意分享各自的研究数据，以推动囊状纤维症的研究。在徐立之等人发现囊状纤维症的连接基因标志后，科学家们又发现，这个基因标志同囊状纤维症非常接近，距离只有100万个碱基对，这意味着这些基因标志能够有效应用于医学诊断之中。不过下一步的研究则要艰难得多。

虽然科学家确认了基因标志与囊状纤维症基因之间的距离在100万个

碱基对以内，但一个个去找，则意味着科学家要做 100 万次实验。如果一个科学家真的这样去做，那他耗尽一生的精力可能也无法找到囊状纤维症基因。因此科学家们决定采用新的办法——首先寻找最接近囊状纤维症基因的两个基因标志之间的区段。徐立之和柯林斯教授合作进行了这方面的研究，经过 2 年的努力之后，到 1989 年他们已经把囊状纤维症基因缩小到 28 万个碱基对的 DNA 区段之中，并在区段内发现了在人体汗腺中起重要作用的基因序列（长度 6700 个碱基对），而囊状纤维症患者正好有汗腺功能异常的症状，这说明这个基因与囊状纤维的异常有关。不过为了确认他们的发现，他们还需要做一些确认工作，即定出该基因互补 DNA 的序列，并找出导致疾病的突变。由于该序列长达 6700 个碱基对，这个工作无疑是比较艰难的（这个工作需要做 2 次，一次使用患者的 DNA，一次使用健康者的 DNA）。经过艰苦的努力，徐立之和柯林斯最后发现，囊状纤维症患者的 DNA 缺少 1 个由 3 个碱基对组成的 DNA 片段，这导致囊状纤维症患者的蛋白质缺少 1 个氨基酸，大约 70% 的囊状纤维症患者患病都是这个基因突变导致的。这个发现给徐立之和柯林斯带来了极大的荣誉。徐立之先后被选为美国科学院外籍院士、中国台湾研究院院士，后来他逐渐淡出科学界，转而从事教育工作，2002 年就任香港大学校长。不过需要说明的是，在囊状纤维症基因中找到的其他突变也能导致该病病发，而且种类相当多，这也给 DNA 诊断带来了相当大的困难。

在科学界寻找杜显型肌肉萎缩症、囊状纤维症等遗传病的致病基因时，南希等人对亨廷顿氏症基因的研究一直都没有停止过。1983 年，科学家成功找到了连接至亨廷顿氏症的基因标志（标号 G8），但相对于寻找亨廷顿氏症基因来说，这只是刚刚开始。由于这个基因所在的区域有 400 万个碱基对，所以科学家也采取了缩小范围的方法。但随着基因距离的不断缩小，绘制基因组图谱的工作也越发困难。最后科学家发现，通过这种方法永远无法找到亨廷顿氏症基因。为此科学家被迫改弦更张，转而对亨廷顿氏症患者之间最相似的 DNA 区段进行比较，这才把搜寻范围缩小到 50 万个碱基对以内。之后南希等人的研究进入了一个新的阶段，即利用"重组DNA"技术来寻找亨廷顿氏症基因。他们首先在区段的右边找到了3个基因，后来的实验证明，这3个基因都是正常的基因。科学家转而研究区段的左边，最后终于找到了一个基因，并将其命名为IT15。IT15基因包含有一小段CAG重复序列，CAG是谷氨酸的基因密码，CAG每重复一次蛋白质就会增加一个额外的谷氨酸。科学家发现，正常人CAG重复的次数都少于35，而CAG重复次数超过40的人，在成年后就会罹患亨廷顿氏症，CAG重复次数超过60的人，则在20岁的时候就会罹患亨廷顿氏症。科学家认为，由于亨廷顿氏症基因编码的蛋白质带有额外的谷氨酸，可能会对脑细胞中的蛋白质产生影响，使分子在脑细胞中聚合，最后导致脑细胞死亡。

从1968年遗传病基金会成立，到1993年发现亨廷顿氏症基因，科学家们共付出了25年的心血，科学研究的艰难由此可见一斑。由于这项研究是多位科学家共同努力的结果，因此亨廷顿氏症基因的论文并没有署哪个科学家的名字，而是以"亨廷顿氏症联合研究团队"一词代替。此后科学家又发现多个同样类型突变导致的疾病，而且都是神经性疾病，这被称为"三核苷酸重复序列型疾病"，是目前生物学、医学研究中的一个热门话题。

对亨廷顿氏症、囊状纤维症、杜显型肌肉萎缩症的基因研究证明，它们都是单一基因突变导致的疾病。这种疾病的病因都比较简单，对这种疾病也没有任何预防的方法，如一个人的CAG重复次数超过40，那他肯定会罹患亨廷顿氏症，就算他天天运动，吃各式各样的补品也无济于事。这种单基因突变导致的疾病种类繁多，目前已知的就有数千种，但这些病都比较罕见。而我们生活中常见的疾病，如高血压、先天性心脏病、癌症、哮喘、抑郁症、糖尿病等等，都是多基因相互作用引起的。多基因疾病与单基因疾病的根本区别不是致病基因的多少，而是与环境的关系。单基因疾病与环境无关，多基因疾病则与环境密切相关。例如一个先天就罹患哮喘的人，在哮喘不易发病的环境中，就不会发病。癌症是最典型的由数个基因突变引发的遗传性疾病。癌症突变的发生有些是遗传，有些则是环境诱发的。如阳光中的紫外线能够致癌（由于臭氧层的存在，少量的紫外线对人类并无伤害），在阳光下长期曝晒的人就容易罹患皮肤癌。化学添加剂苏丹红（有增色的作用）也是一种致癌物，人们如果吃了添加有苏丹红的"红心鸭蛋"、"辣椒酱"也有罹患癌症的危险。而如果人们不接触致癌物，也就不会受到癌症的侵害。由于多基因疾病与人们的关系最为密切，因此从 20 世纪末开始，科学家就开始用基因标志连接分析技术研究哮喘等多基因疾病，并取得了很好的效果。

崔斯坦火山岛

采用基因标志连接分析技术追踪基因，一般都要通过家族的遗传谱系。研究某一地方哮喘病的高发人群也是一个"好办法"，不过这种地方一般很难找，崔斯坦火山岛就是一个难得的好地方。崔斯坦火山岛位于南大西洋，岛上虽有淡水，但长期以来并无人烟。后来一位大人物的落难使这个荒无人烟的小岛改变了孤独的命运。1815 年，拿破仑在滑铁卢战役中战败，被流放到圣赫勒拿岛。崔斯坦岛距圣赫勒拿岛1200 海里，为防止法国人以这个小岛为基地，把拿破仑救走，英国在这个小岛上驻扎了军队。有军队就有消费的需要，一些商人相继来到小岛做买卖，原来荒无人烟的小岛渐渐有了生活的气息，此后拓荒者、海难的幸存者也相继到来，小岛的人口逐渐增长，不过从来没超过 400 人。这些居民在这里过着无忧无虑的生活。1961 年，由于岛上的休眠火山突然活跃起来，岛上居民被迫全体撤到英国暂时避难。在英国，他们接受了身体检查，检查的结果显示岛上居民半数患有哮喘。1993 年，加拿大的遗传学家开始在崔斯坦火山岛进行遗传病学研究，他们建立了当地人的家谱，并查明哮喘是在 1827 年由两位妇女带到岛上的。随后加拿大研究机构在序析公司（一个专门寻找疾病基因的公司)的支持下采集当地居民血液并萃取了DNA 样本。

经过研究他们发现了容易导致哮喘病的基因，它们都位于第 11 号染色体上。

　　寻找崔斯坦岛这样的小岛，然后一个个进行研究，显然是一件很冗长的事情。为了加快研究速度，冰岛科学家史蒂芬孙决定找一个更大的、孤立的岛，这样一次就可以在岛上的居民中找到数个疾病基因。出于对自己家乡的了解，他决定选择冰岛作为研究对象。冰岛当时有 27.3 万人，便于进行研究。冰岛人绝大多数都是维京人的后代（也就是海盗的后代），很少有外来移民，血统非常纯正，便于建立家族谱系。另外，冰岛的医疗制度很健全，每个人的病历都保存良好，便于随时取用（当然，这涉及个人隐私，在程序上极为复杂）。基于这些特点，史蒂芬孙开始在冰岛进行自己的研究计划，并组建了专门的解码公司。他希望通过谱系和医疗记录，建立基因资料库，以搜寻致病基因。对史蒂芬孙来说，他研究计划的最大障碍在于冰岛法律对个人隐私的严格保护，直到 1998 年冰岛国会通过《保健资料库法》后这个问题才得以解决。《保健资料库法》规定，可以建立不含个人辨识资料的健康资料库，以便促进科学研究的发展。史蒂芬孙在与冰岛政府签约后，建立了医疗保健资料库。这个医疗保健库内的资料使用分为 3 种：对家族谱系方面的资料使用没有限制，研究人员可以任意取用；对医疗记录资料除非民众主动选择退出，否则他们的医疗记录资料将自动进入资料库，供研究人员使用；对基因型资料的限制最为严格，只有得到当事人的同意后，研究人员才能从当事人提供的组织样本中提取 DNA 进行研究。不过这也引起了一些争议，因为对 DNA 的研究与家族谱系和医疗记录是相连的，这样个人的身份信息就可能被泄露，有可能侵犯个人隐私，这也出现了一个新的名词，即"基因隐私权"。虽然有不少争议，但史蒂芬孙的研究进展得仍比较顺利。解码公司的研究人员对癌症、哮喘、骨质疏松、抑郁症等 46 种疾病进行了连接分析，并发现了 23 种疾病的基因标志，解码公司在精神分裂症研究上的进展尤其引人注目。解码公司在范围明确的人口内，运用医学、家族谱系和遗传 3 种记录进行研究的做法，在世界范围内得到了普遍的重视。芬兰、英国、爱沙尼亚等国相继开展了这方面的研究。在人类基因组计划完成后，寻找致病基因的工作变得更加容易，可以想象，很快，所有重大遗传疾病的致病基因都会被找到。

第三节 基因疗法

困扰人类的遗传病除了单基因遗传病、多基因遗传病之外，还有一种被称为染色体遗传病，即由染色体异常引起的遗传病。染色体遗传病中比较典型的是唐氏综合征，唐氏综合征又被称为"先天愚型"，它是英国医生约翰·朗顿·唐最先发现的。此病的患者智力低下，一般智商都在 60 以下。患者脸部平而宽，鼻子较小，眼睛窄而斜。该病患者容易罹患多种疾病，15% 的唐氏综合征患者在 1 岁以内会因心脏病死亡。随着年龄的增长，唐氏综合征患者还可能罹患白血病、白内障、弱视、弱听等。进入青春期后，压力大的唐氏综合征患者还可能罹患抑郁症。40 岁以后，患阿尔茨海默病的概率很高。该病还会引起多种并发症。唐氏综合征不仅使患者极为痛苦，也让患者的父母一生备尝艰辛，因为他们知道自己的孩子在某些方面永远不会长大。

最早发现该种病症的约翰·朗顿·唐在 1866 年发表的论文为《白痴的种族分类观察结果》。1961 年，著名医学杂志《柳叶刀》首次以约翰·朗顿·唐的姓氏"唐"将其命名为唐氏综合征，1965 年这一名称得到了世界卫生组织的承认。

虽然唐氏综合征在 1866 年就已发现，但直到发现该病的 90 年后，即1956 年，法国医生勒卢纳才第一个开始研究该病的生物学原理。在研究唐氏综合征患者染色体的时候，勒卢纳惊奇地发现唐氏综合征患者某号染色体竟然有 3 个，后来发现发生变异的染色体是 21 号染色体。因此该病又被称为"21－三体综合征"。唐氏综合征的发病率同妈妈的年龄关系很大，高龄产妇所生子女的发病率很高。据统计，20 岁妈妈生下唐氏综合征宝宝的概率为 1/1700，35 岁妈妈生下唐氏综合征宝宝的概率为

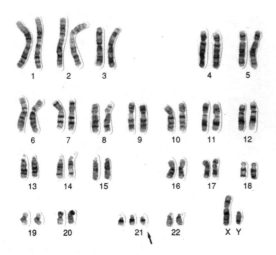

一名男唐氏综合征患者的染色体

从图上可以看出，该患者的第21号染色体多出一条，成了"三染色体21"。

1/400，45岁妈妈生下唐氏综合征宝宝的概率为1/30。

由于高龄产妇生下患病儿的概率很大，因此对高龄产妇（大于35岁）进行产前检查就是一件很必要的事情。产前检查的方法有两种：一种是羊水检查，一种是细胞检查。不过由于只有在胎儿足够大的时候，才能安全地从其身上取出组织样本，所以产前检查一般都不能在怀孕前期进行。羊水检查一般在怀孕15周到18周进行，医生进行检测时要对孕妇实施羊膜穿刺术，取出一些含有胎儿细胞的羊水进行化验。细胞检查一般在怀孕第10周进行，医生收集孕妇绒毛膜绒毛（胎盘连接子宫壁的部分）的细胞进行分析。对于年轻的孕妇来说，进行这种检测是不必要的，因为羊水检查和细胞检查都有一定的危险性，例如羊膜穿刺术造成流产的概率为1%，绒毛膜绒毛采集造成流产的概率是2%，这都要高于年轻孕妇生下唐氏综合征宝宝的概率。过去采用羊膜穿刺术和绒毛膜绒毛采集取得的胎儿细胞都要先在培养基中培养，之后才能进行染色体分析。现在科学家发明了更为快捷的方法，首先把一个小荧光分子贴到21号染色体特有的一段DNA序列上，然后将其注入样本，连接胎儿21号染色体的DNA，这样21号染色体的个数就可以通过荧光点表示出来，如果有2个荧光点，就表示胎儿是正常的，如果有3个荧光点，则胎儿就是唐氏综合征患者。

产前检查对发现唐氏综合征功不可没，据统计，在英国约有30%的唐氏综合征患者都是通过产前检查发现的，这说明约70%的唐氏综合征患者不是通过产前检查发现的。这是为什么呢？原来虽然年轻孕妇生下

用荧光染色测定染色体数

1 个细胞核（深蓝）的第 10 号（浅蓝）和第 21 号（粉色）染色体接受检测。左图每对染色体各有 2 条正常的核型，右图是唐氏综合征患者染色体的核，其第 21 号染色体多了一条。

患唐氏综合征的宝宝的概率很小，但由于绝大多数孕妇都是年轻孕妇，所以单个相加，总量就变得很大了。这样就出现了一个矛盾，让年轻孕妇进行产前检查，她们就有流产的危险，而不进行产前检查，她们又有生下唐氏综合征宝宝的危险。为了解决这个问题，医生们开始寻找非侵入性的替代性指标，最后发现母体血液中甲型胎儿蛋白高绒毛膜性腺激素与唐氏综合征有密切的关系。之后医生就采用了新的检查方法，首先给年轻孕妇进行血液检查，如果发现她们的胎儿有罹患唐氏综合征的可能，就会建议年轻孕妇进行羊水检查或细胞检查。

如果一个母亲在检查后得知自己的胎儿患有唐氏综合征，她怎么办呢？就目前而言，她要么选择流产，要么选择成为唐氏综合征患儿的母亲，除此别无他法。为此，许多妇女选择了流产。母亲是否有堕胎的权利一直是一个争论不休的问题，很多人基于宗教或者道德的立场上对此加以反对。不过就社会的实际情况而言，如果在产前检查中发现胎儿患有唐氏综合征，堕胎或许是一个更好的选择。

随着科学的发展，生物学家对遗传病的检测技术已经日臻完善，并发展出了对有遗传病史家族的基因检测技术。这种检测不仅可以检测胎儿，也可以检测成人。生物学家的检测对象不是染色体，而是特定的 DNA 区段。生物学家用羊膜穿刺术从胎儿处取得组织样本，并用抽血等方法从儿童或成人身上抽取血液样本，之后从这些样本中提取出 DNA，扩增 DNA 样本的重要片段，之后进行分析，就可以判断出基因是否发生了突变。不过基因检测法同其他疾病检测法有所不同，它不只会告诉参加检测者是否患病，通过检测还可以知道有关亲属的基因状况。比如如果一个男孩的祖父是患亨廷顿氏症去世的，这个男孩现在想检测自己的基因是否发生了突变（即自己以后会不会患亨廷顿氏症）。从理论上讲，男孩的父亲有50%的概率罹患亨廷顿氏症，如果男孩的父亲遗传到了突变基因，那么这个男孩遗传到这个突变基因的概率就是

6岁的唐氏儿童和他的父亲

25%。假设这个男孩通过检测证明了自己遗传到了这个突变基因，那无疑给自己和父亲下了死刑宣判书。如果一个人被告知他几个月后会死亡，那他可能宁可选择不知道这个事实。对于那个"无知"的男孩也是一样，如果他不知道自己要罹患亨廷顿氏症，他还可以像正常人一样生活，直到发病为止。如果他知道了自己的悲剧性命运，他的幸福生活就会提前终止。因此尽管男孩想知道自己的命运，而男孩的父亲可能却不想接到死刑判决书，因此这种检测会引起很多社会问题。

　　目前对亨廷顿氏症和杜显型肌肉萎缩症的产前检查主要针对有这种遗传病机的家族，其中的原因有二：首先，这两种病症都比较罕见。其次，检测的费用非常昂贵，如果没有政府的支持，大规模的检查难以推广。而常见的遗传病囊状纤维症的检查同亨廷顿氏症和杜显型肌肉萎缩症的检查一样少就令人感到惊奇了。据流行病调查，每25个美国人中就有1人是囊状纤维症的携带者。既然囊状纤维症如此常见，为什么对囊状纤维症的产前检查如此之少呢？其中部分是技术的原因。造成囊状纤维症的突变有1000多种，而在检查的时候最多只能找出25种不同的突变，虽然这25种突变最为常见，但也只占所有病例的85%，因此产前检查无法保证结果完全可靠。而囊状纤维症的产前检查费用很高，达2400元人民币，花了这么多钱却不能得到满意的结果，就成了囊状纤维症产前检查数量很少的重要原因。此外，由于目前对囊状纤维症的研究经费主要是由部分囊状纤维症患者家属建立的基金会提供的，这些囊状纤维症患

者家属担心如果扩大检查范围，会瓜分有限的资源，也会使彻底治愈囊状纤维症变得遥遥无期，因此他们对进行大规模的囊状纤维症检测普遍心存疑虑，这也阻碍了囊状纤维症的检测工作。对遗传病的检查还引发了人们新的疑虑，即这种检查可能会造成社会对遗传病人的歧视。如某人在检查中发现自己是携带者，他可能会误认为自己就是患者，他的工作和生活也可能受到影响，甚至丧失了生育子女的权利。因此政府在推行对遗传病进行检查时一定要十分细心，避免侵犯隐私权的事件发生。

当孕妇的胎儿被检查出患有遗传病后，孕妇通常要在堕胎和生下遗传病患儿之间做出决断，这无疑是一个痛苦的选择。为了避免或者减轻这种痛苦，伦敦汉默史密斯医院的罗伯特·温斯顿医生发明了"胚胎着床前诊断术"。这种诊断术是基于试管婴儿技术和聚合酶链式反应发展出来的一种技术。试管婴儿技术是一种解决不孕夫妇生育问题的技术，又称体外受精。它首先让精子和卵子在实验室的培养皿里结合并培养成胚胎，然后再把胚胎植入母体的子宫内，由这种技术产生的孩子被称为试管婴儿。罗伯特·温斯顿受试管婴儿技术的启发，认为如果在胚胎形成后、植入母体子宫前，就检查胚胎的基因状况，那么就可以避免在胚胎发育之后再进行产前检查了。通常在进行产前检查的时候，胎儿已经100多天大了，已经是一个小的生命，如果胎儿被检查出有遗传病被迫堕胎的话，亲人会很痛苦，而在胚胎发育前进行检查就可以避免这种状况的发生。"胚胎着床前诊断术"的具体方法是在胚胎发育前移出几个细胞，提取出 DNA，然后利用聚合酶链式反应扩增相应的序列，以确定是否发生基因突变，以此作为对遗传病诊断的依据。

对遗传病的预防与检测固然重要，但对治疗也不能忽视。对于那些已经罹患遗传病的患者来说，最为急需的就是进行治疗。那如何治疗呢？我们知道，遗传病与基因有关，那么改变疾病基因不就可以根除遗传病了。以这种思想发展起来的矫正基因的方法被称为基因疗法。基因疗法主要有2种：一是体细胞基因疗法，即改变病人体细胞的基因；二是种系基因疗法，即改变患者精子或卵子内的基因，防止患病基因传给下一代。在基因疗法中，种系基因疗法最受质疑，很多人认为，这实际上是在"改造人类"，制造"基因人"，是对道德赤裸裸的挑战。诚然，基因疗法有破坏基因的危险，但因为危险就禁止研究显然是不足取的。无论是为了救治遗传病患者，还是为了遗传病患者下一代的健康，基因疗法都是不可或缺的。不过由于技术不成熟，种系基因疗法还在研究之中，目前实际应用的基因疗法主要是体细胞基因疗法。

最早在医学上尝试使用基因疗法的是美国加利福尼亚大学洛杉矶分校的布莱恩医生。布莱恩是一名事业心很强的医生，他对一种名为"β-地中海贫血症"的疾病很感兴趣。在完成动物实验后，1980年，布莱恩向学校提出申请，希望能够使用"重组DNA"进行人体实验。在他的申请还没被批准的情况下，他就找了2名分别来自以色列和意大利的移民妇女进行了人体实验，在实验中他还使用了"重组DNA"。后来他的申请未被批准，而他抢先进行实验显然违背了学校规定。当时美国禁止使用"重组DNA"进行实验，他使用"重组DNA"显然也违反了国家的规定，结果他受到了处罚，被迫辞去了职务。布莱恩事件影响非常深远，它几乎使当时的美国政府禁止基因疗法的研究，不过幸而美国没有那么做。

最早成功进行基因疗法实验的是美国国家卫生研究院的研究人员安德森、布莱斯和库佛。1990年，这3位研究人员计划用基因疗法治疗一种罕见的病症——腺苷酸脱氨酶缺乏症，该病患者的免疫系统由于缺乏腺苷酸脱氨酶而丧失功能，从而无法抵挡任何病症。他们的治疗对象是2名小女孩，分别为9岁的辛蒂和4岁的阿珊蒂。要实施基因疗法首先要解决的就是找到运载新基因的载体，这种载体后来选择了反转录病毒。通常病毒侵入宿主细胞后首先会大量繁殖，然后杀死宿主。而反转录病毒则不然，此病毒复本会自动离开宿主，而不会杀死宿主。当然这并不意味着反转录病毒是安全的，有的反转录病毒极为危险，如艾滋病病毒就是一种反转录病毒。反转录病毒在基因疗法中的最大意义在于，它的病毒基因会永远成为未被摧毁的细胞基因组的一部分，这就给基因疗法的实施提供了可能性。

在20世纪90年代，人们制造出安全的反转录病毒，在除去病毒内非宿主细胞基因组所需基因后，反转录病毒就可以用了。实施基因疗法要解决的第二个问题是如何确定目标？即如何确定哪些细胞是受基因突变影响的细胞，哪些细胞需要换基因，这直到现在还是一个难题。不过腺苷酸脱氨酶缺乏症所影响的是血液中的免疫系统细胞，这些细胞很容易取得。而如杜显型肌肉萎缩症就很难了，因为很难把基因植入肺细胞或脑细胞。

美国国家卫生研究院的科研人员从辛蒂和阿珊蒂身上抽取了大量免疫细胞，在培养基中培养后，使其与携带有正常基因的反转录病毒接触。这样免疫细胞的 DNA 会与病毒基因（携带有正常基因）结合，在二者完全结合后，科研人员把这些经过改造的细胞植入辛蒂和阿珊蒂的血液中。这种治疗并不是一次就能完成的。从 1990 年底她们开始接受治疗以后，每隔几个月她们都要治疗一次。在进行基因疗法的同时，为了保证两名女孩的绝对安全，她们在接受基因疗法的同时也接受了注射酶的治疗。不过同时采用两种疗法却导致了一个意外的副作用，即很难确定哪一种疗法治疗的作用更大。在采用基因疗法之后，辛蒂和阿珊蒂的免疫功能都有所改善，到 2007 年辛蒂已经 26 岁，阿珊蒂也 21 岁了，她们都健康美丽。目前辛蒂的免疫系统运作很好，但她血液中来自基因疗法的胸腺淋巴细胞很少。阿珊蒂的免疫系统已经接近正常水平，但她的胸腺淋巴细胞只有 1/4 来自基因疗法。虽然辛蒂和阿珊蒂现在都很健康，但很难说这全部是基因疗法导致的，因此也不能说这个实验是百分之百成功的。

在美国国家卫生研究院的科研人员取得初步成功之后，各国的科研人员迅速跟进，对基因疗法的研究一时间成了热门话题。但一名患者的意外死亡使研究人员意识到，基因疗法是涉及病毒、基因的复杂治疗方法，它是有危险的，因此必须按照严格的程序进行，接受最严格的监督。

盖辛格是一位罹患鸟氨酸转氨甲酰酶缺陷症（简称 OTC）的患者。鸟氨酸转氨甲酰酶缺陷症会破坏肝脏处理尿素的能力，严重时可以致命。这种疾病虽然可以通过药物和节制饮食来控制，但由于它还会导致其他病症，因此死亡率相当高。盖辛格的症状虽然很轻，但他渴望自己能够尽快痊愈，像正常人那样生活，因此他四处求医。1999 年，他听说宾夕法尼亚大学人类基因疗法研究所所长威尔逊正在进行一项基因疗法的实验，就自告奋勇报名参加了该项实验。他希望这不仅能治愈自己的疾病，也可以给那些跟他同命相怜的人一些希望。但是盖辛格不知道的是，在威尔逊进行的实验中，已经有两名志愿者出现了肝中毒的症状，并且这个情况既没有向美国卫生主管部门报告，也没有告知其他志愿者。盖辛格在不知情的情况下加入了实验队伍。当宾夕法尼亚大学的研究人员把携带有正常鸟氨酸转氨甲酰酶基因的腺病毒（引发感冒的一种病毒）注入盖辛格体内数小时后，他就开始发烧，随即发生了感染，并出现了肝脏出血，3天后，他就去世了。此事在美国引起了极大震动，美国食品药品监督管理局下令暂停一切此类实验，时任美国总统的克林顿要求改革原有的"告知后同意"的实验标准，要求实验机构必须向志愿者告知全部的隐藏风险。在这一风波过后，美国政府对基因疗法实验的监管力度大大加强了。

在美国基因疗法研究遇到挫折的同时，欧洲对基因疗法的研究也触了礁，这是因为他们发现基因疗法存在着可怕的副作用。欧洲对基因疗法的触礁研究是由法国尼科尔医院医生费希尔和他的合作伙伴玛瑞娜进行的，费希尔研究小组的研究目标是严重的综合性免疫综合征（SCID）。这种疾病会导致人彻底丧失免疫功能，患者在与世隔绝的无菌病房里才能生存。费希尔研究小组的实验对象是两名刚出生的婴儿，使用的方法同治疗腺苷酸脱氨酶缺乏症采用的方法一样，也是使用反转录病毒把需要的基因通过反转录酶送入提取出的婴儿的细胞之内，再把这些细胞注入婴儿体内。不过费希尔研究小组从婴儿体内提取的不是血液中普通的胸腺淋巴细胞，而是骨髓的免疫干细胞。采用免疫干细胞的好处在于，免疫干细胞在复制的时候，不仅会增加本身的数量，还会自然分化形成特化体细胞。这样，被改造的干细胞所产生的胸腺淋巴细胞就会带有胸腺淋巴细胞。这两名婴儿因此就可以避免辛蒂、阿珊蒂终身服药的噩运了。在初期，计划似乎很顺利，两名婴儿体内都可以找到胸腺淋巴细胞，他们的免疫功能也达到了正常水平。这两个宝宝终于可以搬出无菌房，回到妈妈的怀抱。此后，费希尔研究小组又对多个身患腺苷酸脱氨酶缺乏症的婴儿进行了实验，最后证明他们所使用的基因疗法疗效显著，这显然是遗传病患者的福音。2000 年 4 月，费希尔和玛瑞娜正式对外界宣布，他们的研究获得了成功，一时间举世震动。

泡泡男孩

大卫·维特因遗传性免疫系统疾病极易发生感染，他从小就生活在隔离的无菌世界"泡泡屋"中。

然而欢乐并没有持续多久，医生很快就发现，那两个搬出无菌房的宝宝，有一个不幸罹患了白血病。虽然现在还无法证明白血病是由基因疗法导致的，但很多证据都表明二者存在一定的联系。即基因疗法虽然治好了两名婴儿的腺苷酸脱氨酶缺乏症，却产生了白血病的副作用。在医学上，一般的药品都会有副作用，但副作用的危害超过了疾病本身，那么这种药物就不能称之为"药"，而是毒药了。例如一种抗艾滋病的药物使患者患上癌症，那这种药物对艾滋病患者来说还有什么意义呢？产生如此严重的副作用，对基因疗法的信誉造成的伤害是可想而知的。基因疗法是把病毒的 DNA 插入患者细胞的 DNA，这本身就有风险，如果病毒的 DNA 阻断了某种重要基因的功能，就可能招致严重的后果。如果细胞因此死亡，那倒不会造成什么影响，但如果基因丧失功能后，细胞失去控制，开始无限制地增殖，结果就不堪设想了。因为细胞不受控制地增殖，实际上就是癌症。基因疗法可能导致癌症，这是推广基因疗法最大的障碍。所以说基因疗法想要成为未来医学的主流还有很多路要走。

第八章
用基因来改变农业

第一节　现代农业的困境

20世纪60年代，一个名叫蕾切尔·卡逊的女子以《寂静的春天》一书改变了人类的生活方式，并在全球掀起了至今仍如火如荼的环保运动。从20世纪40年代起，人类就开始大量生产和使用六六六、滴滴涕等剧毒杀虫剂以提高粮食产量。这些杀虫剂杀灭了大量害虫，使粮食产量得到了大幅度提高。然而人们没有想到的是，那些杀死害虫的杀虫剂会对环境及人类贻害无穷。人们把六六六、滴滴涕等剧毒杀虫剂喷洒到农作物上后，它们会通过空气、水、土壤等潜入农作物，残留在农作物中，继而又通过食物链或空气进入人体。这种剧毒杀虫剂在人体中积存，会损害人体的神经系统和肝脏功能，严重的还可引发皮肤癌，可使胎儿畸形或引起死胎。同时，这些剧毒杀虫剂的大量使用使许多害虫产生了抵抗力，并由于生物链结构的改变而使一些原本无害的昆虫变为害虫。人类制造杀虫剂本来为了杀灭害虫，但结果却使人类处于更大的困境之中。

尽管剧毒杀虫剂的危害如此之大，但陶醉于农业革命中的人们对此却一无所知，直到《寂静的春天》问世。《寂静的春天》一书的作者蕾切尔·

卡逊 1907 年 5 月 27 日出生于美国宾夕法尼亚州斯普林达尔的一个农民家庭，在蕾切尔童年的时候，她从妈妈那里学到了很多关于植物、田野和森林的知识，从小就对美丽的大自然有浓厚的感情。在幼年求学期间，蕾切尔在文学上的天赋逐渐展露出来，她的文章多次在各式各样的比赛中获奖。1929 年，蕾切尔从宾夕法尼亚女子学院毕业，25 岁时在霍普金斯大学获得动物学硕士学位。研究生毕业后，蕾切尔一边在大学教书，一边在马萨诸塞州的伍德豪海洋生物实验室攻读博士学位。在她攻读博士的计划刚开始的时候，父亲突然去世，为了赡养母亲，她被迫放弃了求学的计划，在美国渔业管理局找到一份兼职工作，为电台写一些科普类的文章。1936 年她以水产专家的身份，战胜了性别歧视，成为美国渔业管理局第二位受聘的女性。有一次，她的部门主管认为她的文章文学色彩太强，不能在广播中使用，建议她投到《大西洋月刊》上去。令蕾切尔惊喜的是，她的文章竟然被《大西洋月刊》采用，1937 年，她的文章在《大西洋月刊》上公开发表，名为《海底》。就在这一年，蕾切尔的姐姐不幸逝世，留下了 2 个孤苦伶仃的女孩，于是蕾切尔又担负起抚养 2 个外甥女的责任。

为了增加了收入，蕾切尔开始尝试创作大部头的科普作品。1941 年，她的第一本专著《海风的下面》出版，这本书得到业界的普遍好评，但销量却异常惨淡，原来很多人把这本书同当年发生的珍珠港事件联系起来了。《海风的下面》的失败使蕾切尔暂时放弃了写作的打算，专心工作。此后她在管理局（后更名为"鱼和野生动物管理署"）内不断晋升，1949 年成为鱼和野生动物管理署机关刊物的主编。她这时开始撰写第二部书，在 15 次被不同的杂志退稿后，蕾切尔的书最后终于被《纽约人》的编辑看中，于 1951 年被《纽约人》杂志以《纵观海洋》的标题连载，该书的另一部分之后刊登在《自然》杂志上。随后牛津大学出版社出版了该书，名为《我们周围的海洋》。此书连续 86 周荣登《纽约时代》杂志最畅销书籍榜，还被《读者文摘》选中，获得了自然图书奖。

《我们周围的海洋》一书成功后，蕾切尔辞去了政府的公职，开始专心写作，1955 年完成了第三部作品《海洋的边缘》。 从 1955 年到 1957

年，蕾切尔一直靠给不同的杂志撰稿为生，过着自由撰稿人的生活。然而，家庭的悲剧第三次袭来，蕾切尔的一个外甥女不幸早逝，留下了一个5岁的男孩。蕾切尔又担负起养育外孙的责任，此时蕾切尔的母亲已年届九旬。为了让外孙能够有一个良好的成长环境，母亲能够安度晚年，她在马里兰州买了一栋乡村宅院供家人居住。

从这时候起，蕾切尔开始思考环境问题。后来马萨诸塞州一位鸟类保护区的管理员给她写了一封信，告诉她喷洒滴滴涕造成保护区内鸟类濒临灭绝，希望她能利用她的威望影响政府官员去调查杀虫剂的使用问题。蕾切尔认为解决问题的关键在于能够引起公众对此的兴趣，为此她决定写一本与此有关的书。经过4年时间，调查了使用化学杀虫剂对环境造成的危害后，蕾切尔于1962年完成了《寂静的春天》一书。这本书同一般的科普读物不同，它更具有文学色彩，更加生动，因此它所产生的影响是其他科普书籍所不能比拟的。在书中，蕾切尔以事实证明了滥用杀虫剂已伤害了许多生命，改变了自然生态环境，春天已不再鸟语花香，而是寂静无声了，人类的食物也因此受到了污染。人类如果要继续生存在这个世界上就要改变自己的发展方向。1962年6月,《寂静的春天》在《纽约客》杂志上连载，迅速在美国乃至全世界引起了巨大的轰动。人们由此开始反思现代农业对人类本身的伤害，发出了禁止使用剧毒农药的呼声。

利益受到侵犯的农药业既得利益集团对蕾切尔进行了猛烈的攻击。由于蕾切尔是一名女性，很多攻击都针对她的性别而来，如称她是"歇斯底里"、"煽情"、"得了更年期综合征"等等。此外，农药集团还找了很多科学上的理由反驳她。如美国化肥公司的一位主管声称："如果按照蕾切尔女士的说法去做，人类将回到原始社会，而疾病和害虫将再次主宰地球。"农药界巨头孟山都则出版了一本反驳《寂静的春天》的书《饥荒时代》，并向媒体免费提供。

虽然遭到农药界的百般谩骂，但《寂静的春天》并没有被窒息。它受到了民众的热烈欢迎，并最终引起了美国国会和政府的重视。最后，美国政府和民众都卷入了这场由《寂静的春天》引发的环保运动。当《寂

蕾切尔在作证

1962 年，蕾切尔在国会的小组委员会前作证，这个小组委员会负责调查她的"农药会造成危险"的说法。

静的春天》的销售量超过了 50 万册时，美国哥伦比亚广播公司为它制作了一个长达 1 个小时的节目，甚至出资人停止赞助后电视网仍继续播出。在节目中，蕾切尔同农药公司的代表进行了激烈的辩论。时任美国总统的肯尼迪对《寂静的春天》一书也十分重视，在国会辩论的时候也提到了这本书，并亲自指定了一个专门调查小组调查书中的说法。不久，调查小组的调查结果证实了蕾切尔的说法，此后美国国会成立了专门的农业环境委员会。1964 年 4 月 14 日，蕾切尔不幸逝世。但她所播下的环保主义的种子已经深深植入人民的心中。1970 年，美国成立了环境保护署。1972 年，美国正式禁用滴滴涕。此后世界各国也纷纷下达禁令，滴滴涕这种曾令其发明人获得诺贝尔奖的农药最终退出了历史舞台。

《寂静的春天》一书实际上宣告了所谓"现代农业"的终结，使用大量农药虽然使粮食产量得到了大幅度提高，但最终也毒害了人类本身。《寂静的春天》提出人类要采取新的发展道路，那走什么道路呢？回到从前吗？这当然是不可能的，现在世界的总人口已经超过了 60 亿，采用旧有的农业生产技术无疑意味着要发生大饥荒。而所谓"现代农业"也是要不得的，因为这必将导致人类灭亡。现实逼迫人类发展新的农业技术，建构新的"现代农业"。以"重组 DNA"技术为核心的基因工程的出现为人类发展新农业提供了契机。如果用基因工程技术生产出不怕害虫的农作物，那就不用使用农药了，这样农作物的产量无疑会更高。此外，利用基因工程技术还可以生产出质量更好、产量更高的农作物。在基因工程诞生之后，用基因改造农业，建构"新现代农业"就成了分子生物学家们的重要目标之一。

　　建立"新现代农业"就要对植物进行基因改造。同动物一样，改造植物的第一步是要取出想要的DNA片段，插入植物细胞后，再插入有益的基因组。这种改造植物基因组的方法在大自然中就有先天的实例，如冠瘿病。冠瘿病是由土壤细菌根癌农杆菌引起的一种植物疾病，它能使植物根部长出大块的肿瘤（被称为虫瘿）。冠瘿病的发病机理是这样的，当植物被食草性昆虫咬伤后，根癌农杆菌会感染被咬伤的部位。根癌农杆菌对植物的攻击过程比较特殊，它首先会建立一个管道，利用这个管道把自己的遗传物质送入植物细胞内。根癌农杆菌的遗传物质中含有一种特殊质粒的DNA片段，这种DNA片段外层有一个蛋白质的保护膜。DNA片段在到达宿主细胞后，会像病毒一样同宿主细胞结合。但与病毒不同的是，DNA片段在寄宿后，不会大量制造自己的复本，而是会制造植物生长激素和作为细菌养分的特定蛋白质。这样就会同时刺激植物细胞的分裂和细菌的生长，生长激素会促进植物细胞更快速地增殖，而在细胞每一次分裂的时候，入侵的DNA会同宿主细胞的DNA一起复制。这样会制造越来越多的植物生长激素和细菌养分，周而复始，生生不息。这样的结果就是在植物的根部会生出一个虫瘿，它就像制造细菌所需物质的工厂，而且还会不断增长。根癌农杆菌的寄生情况最早是由美国华盛顿大学教授玛丽·奇尔顿、比利时根特自由大学教授范孟塔古和谢尔发现的。此后，更多的分子生物学家对此产生了浓厚的兴趣。

　　20世纪80年代初，玛丽·奇尔顿来到圣路易工作，那里正是农药业

罹患根癌农杆菌造成的冠瘿病的植物

巨头孟山都公司的总部所在地。自从《寂静的春天》出版以后，孟山都公司就成了过街老鼠。为此，孟山都公司一直在寻找新的出路。在基因工程诞生之后，孟山都公司负责人以其敏锐的目光马上看到这背后蕴藏着的巨大商机，并开始向这方面投入了巨额的资金。玛丽·奇尔顿到圣路易后，发现这个富翁邻居对根癌农杆菌颇感兴趣，因此主动与他们进行了接触。此时孟山都公司已经发现根癌农杆菌不仅是一种奇异的生物，它还可能是将基因植入植物的关键。结果玛丽·奇尔顿和孟山都公司一拍即合，孟山都公司遂向玛丽·奇尔顿提供了大量的研究经费。除了玛丽·奇尔顿，孟山都公司也向比利时根特自由大学的范孟塔古和谢尔提供了大量资金。但是孟山都公司提供研究经费的条件是科学家们必须承诺与它分享研究发现。除了这 3 位最早发现根癌农杆菌遗传路径的科学家外，孟山都公司还招揽了 3 位著名科学家，他们分别是豪斯、罗杰斯和费拉利。豪斯和费拉利很早就认为农业科技很有潜力，所以一待孟山都公司召唤就毫不犹豫地投入了这个巨头的怀抱。罗杰斯却没有这样做，他在接到孟山都公司的邀请后直接把邀请函丢在了废纸篓里，因为他认为如果接受孟山都公司的邀请就是把自己卖给了孟山都公司。不过当罗杰斯到孟山都公司参观之后，他立即改变了主意，因为他发现孟山都公司可以提供科学研究中最需要的东西——资金。

于是在孟山都公司旗下就组成了 3 个相互独立的研究小组，分别是玛丽·奇尔顿研究小组，范孟塔古、谢尔研究小组和豪斯、罗杰斯、费拉利研究小组。这 3 个小组的研究任务都是如何对植物进行基因改造。无独有偶，这 3 个研究小组都把根癌农杆菌当成了必备的法宝。将要移至植物细胞的基因插入根癌农杆菌的质粒，当这个经过基因改造过的根癌农杆菌感染宿主时，便会把要移至植物细胞内的基因插入植物细胞的染色体内。而根癌农杆菌就成了把外来 DNA 输送进植物体内的"运输队"。1983 年 1 月，3 个研究小组在美国迈阿密举行的一个科学会议上，各自独立发表了自己的研究成果。此后，这 3 个研究小组都独立就自己的发明申请了专利。起初科学家认为根癌农杆菌只对某些简单植物有效，而对大米、小麦和玉米等复杂植物则无能为力，但科技的发展最后证明，根癌农杆菌是合格的"运输队"，它们对复杂生物也完全有效。不过在科技发展证明根癌农杆菌是合格的"运输队"之前，分子生物学家改造植物用的工具很特别，是一种枪。

20世纪80年代，美国康奈尔大学农业研究站的教授约翰·圣福特最早提出了这个天才的设想。约翰·圣福特曾经设想如果把想要的基因附在子弹上，然后开枪把子弹射入植物细胞内，那原来复杂的DNA改造不就完成了吗？不过这样做还存在纯技术的难题：首先，力道要强，这样子弹才能射入细胞之内；其次，是力道不能太强，否则子弹会射穿细胞。这种天才的设想初听起来是妄想，因此在最初的时候连科学界也是将信将疑。约翰·圣福特既然这样想了，他就不想让别人来实现他的想法。他采用的实验对象是洋葱，原因是洋葱的细胞比较大，便于实验。约翰·圣福特使用的枪当然不是一般的手枪，而是一种他自己发明的特种"基因枪"。1987年，约翰·圣福特在《自然》杂志上公开发表了自己的"基因枪"，科学家们于是一窝蜂地开始了这方面的研究。到1990年，使用"基因枪"把基因植入玉米的实验取得了成功。

基因枪

基因枪用于将DNA射入植物细胞内。

到20世纪90年代，分子生物学家已经掌握了改造植物的手段，用基因改造农业的大幕正式拉开。用基因改造生物的技术又被称为转基因技术，转基因技术的推广使用彻底改变了现代农业。

第二节　转基因食品

自从1972年滴滴涕被禁用之后，人们一直在寻找滴滴涕的替代品。后来人们发明了一种有机磷杀虫剂，它的特点是使用后一会儿就会全部挥发，没有残留。但这种杀虫剂的缺点是其毒性比滴滴涕还要强，它的毒性之强导致它有时竟成了恐怖分子进行攻击的武器。其安全性显然是令人担忧的。采用天然化学物质制造的杀虫剂也并不安全。在 20 世纪 60 年代初期，化学公司从小型菊花中提取出除虫菊素，制造出天然杀虫剂，这种杀虫剂在农业上得到了广泛应用，一直到 20 世纪 70 年代农作物产生抗药性为止。不过后来科学家做的一个实验却让所有接触过这种杀虫剂的人坐立不安，原来科学家用除虫菊素对小白鼠做了实验，结果发现小白鼠出现了类似帕金森症的症状。此后流行病学调查也证明，农村的帕金森症发病率要远高于城市。

人们常用"一物降一物"的方法来对付虫害，20 世纪上半叶被用于防治病虫害的苏云金杆菌（简称 Bt，又被称为毒蛋白）就是其中一种。苏云金杆菌可以攻击昆虫的肠道细胞，以受损细胞释放出来的养分为食。被苏云金杆菌攻击的昆虫因为肠道细胞受损，最后会由于饥饿而死。苏云金杆菌最早发现于 1901 年，但直到 1911 年德国爆发地中海粉蛾后才被正式命名。从 20 世纪 30 年代末开始，法国人开始把苏云金杆菌作为杀虫剂使用，起初人们认为这种细菌只对蛾、蝴蝶等的幼虫有效，后来人们发现苏云金杆菌对苍蝇的幼虫也有效。苏云金杆菌最突出的特点在于它只对昆虫有害，而对人体却没有伤害。原因在于昆虫幼虫的肠道是 pH 值高的强酸性环境，可以使致命的苏云金杆菌毒素活化，而人类及大多数动物的肠道则是 pH 值低的酸性环境，致命的苏云金杆菌毒素无法活化，因此不会对人体造成伤害。

在基因工程诞生，尤其是分子生物学家掌握改造基因的手段以后，分子学家开始注意到苏云金杆菌只杀灭昆虫幼虫，而对人类无害的优点。如果将苏云金杆菌毒素插入农作物的基因组之中，对农作物进行基因改造的话，那人们就没有必要在农作物上喷洒农药了。因为害虫吃一口农作物就会死亡，而这种农作物对人却完全无害。采用苏云金杆菌毒素转基因除了不用喷洒农药，还有 2 个好处：一是将苏云金杆菌毒素基因植入植物基因组后，植物的各部分都会带有这种毒素。通常农药只能用于

农作物的茎叶部分，而对以农作物根部为食和侵入农作物组织内的害虫无能为力。而采用苏云金杆菌毒素转基因后，任何侵害农

苏云金杆菌棉花
经过基因工程的改造后，具有杀虫效果的苏云金杆菌棉花（右半）生长得很繁茂，而非苏云金杆菌棉花却受到了虫害的摧残。

作物的害虫都无法逃脱灭亡的下场。二是由于只有害虫才会受毒素之害，其他无辜的昆虫就能避免遭受池鱼之殃。

当分子生物学家意识到苏云金杆菌的重大作用后，大量的转基因农作物相继诞生。如苏云金杆菌水稻、苏云金杆菌马铃薯、苏云金杆菌玉米、苏云金杆菌棉花和苏云金杆菌大豆之类层出不穷。在采用转基因技术之后，农药的使用量大幅度下降。据美国农业部统计，在1995年，美国密西西比河流域的农民每个季度都要在棉田里喷洒农药4.5次，在苏云金杆菌棉花推广之后，仅一年时间，包括那些未采用苏云金杆菌棉花的农场在内的农药喷洒次数下降为2次。在中国，苏云金杆菌转基因作物也导致农药的使用量大幅度下降，在1999年就减少了1300吨。

对农作物来说，除了虫害之外，病毒也是它们的致命威胁。同农作物一样，人也常受病毒的侵害，医学界向来主张预防重于治疗，因此人们经常注射各种疫苗以预防疾病。那么农作物能不能注射疫苗呢？尽管很多人认为不可思议，但华盛顿大学教授毕奇还是开始了这方面的研究。

通常医生给儿童注射疫苗的时候注射的多是温和的病原菌，这些病原菌会诱发儿童体内的免疫系统，此后这些注射过疫苗的儿童如果接触到这种疾病的时候，就会具有免疫力。那么植物在注射了特定的病毒后，

会不会对相同病毒的其他品种具有免疫力呢？毕奇把病毒蛋白质外衣的基因插入了植物细胞内，发现植物在含有病毒蛋白质外衣的基因的情况下对其他病毒有了免疫力。他的发现很快得到了推广，分子生物学家们以此研制出了抗病毒的农作物。20世纪90年代中后期，木瓜病毒入侵夏威夷，夏威夷的木瓜业几乎因此破产。为了挽救夏威夷木瓜业，分子生物学家们把病毒外衣蛋白质的部分基因插入木瓜的基因组中，使木瓜对木瓜病毒具有了免疫力，夏威夷的木瓜业才因此起死回生。

在使用转基因技术使农作物具有抗虫害、抗疾病功能后，分子生物学家又开始尝试用转基因技术进一步改造农作物。不过最初的尝试却以失败告终。美国的加基公司想要解决的是西红柿的运输问题——成熟的西红柿很软，在运输的时候容易损坏，为此农民们往往在西红柿还绿的时候就把西红柿摘下来，以方便运输。加基公司决定用转基因技术来解决这个问题。西红柿在成熟时会变软是聚半乳糖醛酸酶（简称PG）在起作用，聚半乳糖醛酸酶会分解西红柿细胞的细胞壁，使果实变软。加基公司的研究人员认为，既然聚半乳糖醛酸酶是西红柿变软的罪魁祸首，那么把西红柿中的聚半乳糖醛酸酶除掉不就万事大吉了吗？为此他们向西红柿的细胞内插入了聚半乳糖醛酸酶基因的反向复本，由于互补的碱基之间具有亲和力，所以聚半乳糖醛酸酶基因制造的RNA和反向基因制造的RNA会互相结合，从而使聚半乳糖醛酸酶无法发挥作用。用这种技术，加基公司就可以把新鲜且成熟的西红柿及时运到市场上去，而不用担心它们途中受损了。不过加基公司的科研人员在研究中忽视了一个问题，那就是西红柿是用来食用的，所以它的口感永远是第一位的。一般的成熟西红柿都又软又甜，美味无比，而加基公司生产的转基因西红柿简直是索然无味，这样的产品自然逃不过被市场淘汰的命运。尽管加基公司在技术上取得了成功，他们制造的西红柿也是第一种进入超市的转基因食品，但最后他们还是以失败告终。

在加基公司之后，分子生物学家们继续研究如何使食物具有更多的功能。人类的食物之中有些营养成分并不足，比如人类食用的植物之中往往缺乏氨基酸。而氨基酸对人类非常重要，那些吃斋的人更容易患上氨基酸缺乏症。如果对人类食用的植物进行改造，让它们也富含氨基酸，那么人们的健康问题就可以得到解决了。

　　现在的青少年因为忙于玩游戏、上网、准备各种考试，大多视力不佳，很多人年纪很小就戴上了眼镜。保护孩子们的视力现在已经成了国家和家长们关心的问题。保护视力除了注意用眼卫生以外，加强营养也很重要。动物的肝脏富含维生素 A，多吃对眼睛有利。但动物的肝脏一般都很难吃，另外也没法天天吃，所以靠吃羊肝、猪肝对保护青少年视力作用不大。缺乏维生素 A 对青少年来说并不是导致近视这么简单，根据联合国儿童基金会的统计，全球每年有 1.24 亿儿童严重缺乏维生素 A，有 50 万儿童因此失明，有些儿童甚至因为缺乏维生素 A 而死亡。尤为严重的是，由于水稻中并不含有维生素 A，所以因缺乏维生素 A 而患病的患者大多都在以水稻为主食的亚洲。由此可见，为了保护儿童，采取必要的措施已经刻不容缓。分子生物学家在洛克菲勒基金会的赞助下开始了这方面的研究，他们生产的转基因水稻被称为"黄金水稻"，这种水稻并不含有维生素 A，但它含有 β 胡萝卜素，这种胡萝卜素使水稻呈金黄色，故含有 β 胡萝卜素的水稻被称为"黄金水稻"。β 胡萝卜素是维生素 A 的先质，同维生素 A 一样具有保护眼睛的功能，而且没有大量服用维生素 A 药物所带来的副作用。据最新科学研究发现，β 胡萝卜素不仅能保护眼睛，而且还能增强人体免疫功能，预防肿瘤，甚至还能帮助烟民戒烟。

　　现在分子生物学家正在研究各式各样的转基因食品，它们各有千秋，都具备特殊的功能。在不久的将来，食物还可能成为提供口服疫苗蛋白质的关键，如生产出含有小儿麻痹疫苗蛋白质的香蕉，在那些公共卫生薄弱的地区，这显然很有效。转基因的农作物不但能够抗虫害、抗病毒，具备各种特殊功能，在加入优良基因之后，其产量也会大量提高。随着转基因技术的推广，农产品的产量越来越高，困扰人类上千年的饥饿问题也出现了解决的曙光。目前在发达国家，转基因技术已经成为"新现代农业"的主流。

在分子生物学界、企业界和农民们全力发展转基因农业的时候，消费者们却产生了疑问，他们认为转基因食品的安全问题有待商榷。其实早在基因工程初次涉足农业的时候，就有这种状况出现。最早分子生物学家们为了增加牛奶的产量，采用了给奶牛注射牛生长激素的方法。奶牛本身可以制造这种激素，但向奶牛注射这种激素会增加牛奶的产量。基因工程技术诞生后，美国孟山都公司用基因工程技术制造出了牛生长激素，在对奶牛进行注射实验后发现，注射孟山都公司生产的牛生长激素可以使奶牛的牛奶产量增加 10%。1993 年，美国食品药品监督管理局正式批准了牛生长激素的使用。到 20 世纪末，美国 20% 的奶牛注射了孟山都公司生产的牛生长激素，这增加了牛奶的产量，提高了农民的收入，注射牛生长激素的奶牛和没有注射牛生长激素的奶牛也没有任何差异。然而这却在民间引起了争议，招致了反 DNA 团体空前激烈的反对。著名的美国"职业反对家"瑞夫金趁机站了出来，靠反对给奶牛注射牛生长激素赚足了眼球。瑞夫金提出的反对理由很多，其中最主要的一条就是注射牛生长激素的奶牛生产出的牛奶不是自然的，其次还有注射牛生长激素会给牛造成伤害，注射牛生长激素的奶牛生产出的牛奶含有致癌的蛋白质等等。最终，由于事实证明了注射牛生长激素奶牛生产出的牛奶同普通牛奶没有差别，注射牛生长激素不会给牛造成伤害，注射牛生长激素的奶牛生产出的牛奶不含有致癌的蛋白质，关于"激素牛奶"的争议后来自然消失了。但在这次争论中瑞夫金提出的"自然食品"的观念却被后来者所继承，在日后反对转基因食品的时候，成为他们的主要武器。

在欧洲，疯牛病的流行也使民众开始格外关注转基因食品的安全问题。1984 年，英国南部的一个农民发现他的一头奶牛举止有些怪异。1985 年，英国兽医学家们开始对部分牛出现不正常的行为的原因进行调查，并确认这是由一种特殊疾病导致的。这种疾病于 1986 年被定名为牛脑海绵状疾病，俗称疯牛病。患这种病症的病牛大脑会逐渐坏死，并最终死亡。到 1993 年，英国已经有 10 万头牛死于这种疾病。疯牛病在牛群中的流行引起了英国民众的担忧，这种疾病会不会通过牛肉和牛奶传

被宰杀的病牛

播给人？为了保护英国畜牧业，英国政府在没有任何科学依据的情况下就矢口否认了这种可能性，相信政府的英国民众因此仍然大胆地吃着牛肉。但先后多人感染疯牛病死亡的事实迫使英国政府于1996年3月20日承认疯牛病有可能会传染给人类，使人因大脑坏死而死亡，这在英国乃至全球都引起了极大的恐慌。涉嫌欺骗民众的英国保守党政府受到猛烈抨击，并在当年的英国大选中失败下台。据统计，到2002年，英国已有106人因感染疯牛病而死亡，他们都是因为食用了用病牛肉制成的肉制品而被感染的。

在疯牛病事件爆发后，包括英国民众在内的各国民众开始关注现代化农业造成的食品安全问题，并对工业化、集团化生产出来的农产品产生了恐慌，这种恐慌也蔓延到了转基因食品。人们又想起了"弗兰肯斯坦"先生，并给转基因食品起了个绰号叫"弗兰肯斯坦食物"。在人们看来那些能毒死害虫、让病毒望而却步的"弗兰肯斯坦食物"显然不是什么好东西。"弗兰肯斯坦食物"具备的各式各样的特殊功能也不是人们想要的。另外"弗兰肯斯坦食物"可能存在的副作用也让人们担心，小报耸人听闻地说："如果癌症是唯一的副作用，我们就算幸运了。"政客们为转基因食品的辩解也没有增强人们的信心，因为疯牛病事件后政客们的诚信早就破产了，人们把政客们看成是资本家的代言人。人们对转基因食品的担心也是很有理由的，人们吃了几千年的茄子，突然有一天发现他们吃的茄子和以前不一样了，当然会产生恐惧心理。要推广转基因产品，就必须回答这样一个问题：转基因食品是否安全？

第三节　转基因食品安全吗

俗话说："三代当官，才知道穿衣吃饭。"这是说要想成为贵族，就得有时间的积累，而且也只有贵族才知道如何享受生活。相对于那些三代当官就能形成的贵族，王室中的王公贵胄们显然更懂得享受生活，英国王子查尔斯就是其中一个。这位年近花甲的英国王子痴爱纯天然的"绿色食品"。为了吃到纯正的"绿色食品"，他在自己的私人农场——英国格洛斯特郡的高树林庄园里当起了农场主，全面种植"不施用化肥、不喷洒农药、只浇灌清洁地下水"的有机农作物，其中包括庄稼、蔬菜和水果，并养了一群只吃有机饲料的黄牛。查尔斯在高树林庄园生产的"绿色食品"并不只是供自己享用，他还以此做起了买卖，成了英国最大的绿色农产品生产商。在伦敦的高档餐厅，都提供用高树林庄园所养黄牛制成的牛排，价格十分昂贵，成了奢侈品。除了提供"绿色牛排"外，高树林庄园还提供有各式各样的"绿色食品"，甚至还有"绿色巧克力"。

查尔斯在四处兜售他的"绿色食品"的同时，对转基因食品的攻击也是他一项重要的日常工作。他经常出席有关转基因食品的讨论会，大谈特谈转基因食品"未经过科学证实，有潜在危险"。他在出席上流社会的餐宴、舞会、打猎活动时，也以自己"从来不食用，也不会为客人、家人提供任何转基因食品"为由，劝告人们不要碰转基因食品。查尔斯甚至在电视上公开露面，同分子生物学家们论战，并呼吁所有英国人联合起来，让英伦三岛成为一片不受"转基因食品污染"的净土。在查尔斯的倡导下，英国人购买有机食物的比例逐年增加，而高树林庄园的收益也水涨船高。仅在高树林庄园出售"绿色食品"的头10年里，查尔斯的收入就增长了3倍。

抛开商业的因素，查尔斯的"绿色食品(有机食品)论"确实很让人心动。几乎所有人都认为"绿色食品"有益于生命，喜欢购买"绿色食品"。现在商场上也把"绿色食品"作为卖点,市场上的"绿色食品"的售价都要比其他"非绿色食品"要高很多。"绿色食品"真的那么好吗?

多年来,杂种玉米公司都会雇"拔穗"大军摘掉玉米作物的雄花蕊(即穗),以此防止自花授粉,确保后来的种子是杂种,也就是两个不同品种交配后的产物。

　　实际上,所谓的"绿色食品"在事实上是不存在的。按照查尔斯等人的说法,"绿色食品"是纯天然的食品,而实际上人类所食用的纯天然食品只有野生生物,农业为人类提供的食物都是基因业已改变的生物。我们现在所吃的茄子、为我们提供肉食的肥羊等在基因上都与他们野生的祖先相去甚远。人类的先民在开始农业之初就面临着一个问题,即如何生产足够的产品满足不断增长的人口所带来的巨大需求。为了解决吃饭问题,人类的先民被迫对农业进行了改造。在对农业的改造中,很重要的一项就是育种。比如在一片玉米地里挑选出最大的一穗玉米留作种子,在一群奶牛中挑选出产奶量最高的进行育种。经过几千年的发展,人类培养出的农作物和家畜同它们的始祖已经截然不同,例如野生的麦类花序轴脆弱,成熟时会自动断裂,使种子落在地上,这样便于种子萌发,使野生麦群落在第二年可以延续下去,但人如果一个一个捡拾掉落的种子将会非常费

长期人工选择的影响
如今的玉米及其野生祖先墨西哥类蜀黍(左)。

191

力。人类在开创农业的时候，经过基因突变，人工选择，驯化出了花序轴坚硬的麦类，成熟后花序轴不会断裂，种子会保存在植株上，这样就大大方便了收获。如果追求真正的"绿色食品"，那只有去采摘野菜，捕杀野生动物，这等于让人类退回原始社会。如果说"绿色食品"是查尔斯等人在高树林庄园生产出来的那些产品，那这些"绿色食品"也无法满足全球 60 亿人的需要。不施用化肥，不喷洒农药，也不采用转基因技术，那农作物就无法抵御各种灾害，产量也不会高。这种"绿色食品"只能成为伦敦高级餐馆的奢侈品，而不能放到普通百姓的餐桌上。从根本上来说，食品的生产方式并不重要，关键是这种食品是否安全，不论使用农家肥还是化肥，只要生产出来的食品是安全的、符合人类的食用需要就是好的食品。总之，人类需要的食品"不是绿色食品，而是安全食品"。

从瑞夫金到查尔斯，反转基因食品者对转基因产品安全性的主要质疑都在于其不是完全"自然"的。人类的农业史实际上就是对农作物的改造史，其中以对玉米的改造最为彻底，如果人类不种植它，这种农作物将会迅速灭亡。早期农业对农作物的改良方法主要是杂交，比如让单粒小麦和山羊草杂交，产生双粒小麦。这样杂交的方法会使植物的遗传基因整个翻新，所有的基因都会受影响。而转基因技术则可以更加精确地把遗传物质引入植物，这就避免了传统杂交技术的不可预测性，从而更加科学。

反对转基因食品的另一理由是转基因食品可能有毒，反转基因食品者常举的例子是关于大豆和坚果的故事。西非人常吃大豆，而西非大豆中缺乏一种名为甲硫氨酸的氨基酸，恰好巴西坚果中的一种蛋白质含有甲硫氨酸。为此，分子生物学家们计划将制造这种蛋白质的基因插入大豆之中，这样就能解决甲硫氨酸缺乏的问题。但分子生物学家在进行实验的时候，有人提出巴西坚果会造成人的过敏反应，那将巴西坚果的基因移植到大豆之中会不会造成同样的结果呢？由于这种可能性无法排除，分子生物学家就暂停了这个项目。这种反驳理由实际上是对技术的质疑，现在的转基因技术能够精确地决定如何改变农作物，如果某些物质有危险，分子生物学家就可以避免采用它。现在分子生物学家进行转基因研究的时候，常选择安全的生物，例如把西瓜的基因转移到玉米上，西瓜可以吃，所以带有西瓜基因的玉米就没有什么危险。

有人认为转基因农作物会改变环境，最终导致环境毁灭。持这种说法的人认为转基因农作物不是生活在真空世界之中，它会同其他植物接触并发生杂交。例如带有抗杀虫剂基因的农作物会通过物种的杂交，把农作物的基因组转移至杂草的基因组，从而使草也具有抗杀虫剂的功能，这样就会产生无法清除的超级杂草，原有的环境秩序会被毁坏，最终人类的生存环境也会毁灭。这种说法影响很大，是人们对转基因农作物的主要质疑理由之一。不过这种说法实际上是耸人听闻，在自然的条件下，

跨物种的杂交是很难生存的，人类所培育的杂交品种经特别照顾才能繁衍，所以这种超级杂草诞生的可能性几乎为 0。假设这种超级杂草真的会存在，环境也不会毁灭。"物竞天择，适者生存"，自然界的博弈是永远存在的。医学的历史告诉我们，当人们攻克一个又一个疾病的时候，新的疾病也在不断出现，病菌的抗药性也越来越强，但并没有导致人类灭亡，反而促进了医学的新发展。农业也是一样的，在使用杀虫剂的时候，害虫的抗药性也在增强。采用转基因技术如果产生了超级杂草，人类就会以自己的智慧想出应对之策。

反对转基因技术的理由还有它会使无辜的物种受害。如苏云金杆

冷泉港实验室被破坏

2000 年，冷泉港实验室的实验田（上图）遭人蓄意破坏，温室（下图）被喷上"禁止种植转基因植物"的字样。

菌农作物的花粉如果四处飘洒，粘到其他叶子上，那吃这些叶子的昆虫就会遭殃。1999 年相关机构做了这样一个实验，发现帝王蝶的幼虫吃了粘有苏云金杆菌农作物花粉的叶子后殒命。这一研究结果公之于众后马上引起了轩然大波。全球很多地方的环保主义者都举行了反对转基因技术的抗议示威，很多人扮成帝王蝶的模样，控诉其遭到的悲惨命运。不过实验跟现实情况并不完全一样，原来，研究机构做实验时附在叶子上的苏云金杆菌农作物花粉量非常大，因此无法准确说明在自然条件下这种情况造成的帝王蝶死亡率。事实上，在自然情况下，苏云金杆菌农作物的花粉对帝王蝶的影响可以说是微乎其微的。此外，在采用转基因技术之前，人们只能靠剧毒杀虫剂来杀灭害虫。这种剧毒杀虫剂不分敌我，对帝王蝶的伤害更大。因此两害相较取其轻，转基因技术相对于杀虫剂还是有进步的。

发展中国家的农民虽然很欢迎能够帮助他们增产、增收的转基因技术，但很多人害怕这种技术被跨国公司垄断，最终使农民成为受害者。20 世纪 90 年代，孟山都公司确实这么做过。1997 年到 1998 年，孟山都公司在种子市场上大举出击，花费 80 亿美元先后购买了多个种子公司。为了垄断种子业，孟山都公司还想购买戴尔特—潘公司。这个公司不仅控制着美国 70% 的棉花种子市场，而且还掌握了一项关键技术，如果孟山都公司能得到这项技术，那孟山都公司就拥有了滚滚财源。这项技术是由美国农业部下属的一个实验室最早开发出来的。这项技术非常特别，它可以控制种子里的一组基因开关。用这种技术生产出来的种子可以正常发育，但它发育成的农作物的种子却不能再发育了。这样做有什么好处呢？好处就是农民再也不能自己收集种子，而只能向种子公司购买。可以想象，如果哪个种子公司掌握了这项技术，那它无疑得到了一座金山。当然这种技术在某些方面对农民也是有利的。普通的种子是永远存在的，农民如果想种普通的农作物是不需要购买这种被"阉割"的种子的，只有农民想要农作物有好收成或有他们需要的特殊功能时才会购买这种"阉割种子"。种子公司通过卖出"阉割种子"获利之后，也才有可能有足够的资金开发出新的、更好的种子。

不过其他人显然不这么看，孟山都公司的发财计划遭到了破坏。报纸上大肆渲染孟山都公司控制种子市场的阴谋，并描绘了一幅悲惨的情景：农民们按习惯用最后一次收成得来的种子播种的时候，突然发现种子不能用，然后只能祈求跨国公司的老板给他们一点种子。人们对孟山都公司企图垄断转基因技术牟取暴利的企图简直怒不可遏。在公共舆论的强大压力下，孟山都公司永久停止了使用"阉割种子"的技术。人们由此看到了孟山都公司企图主宰全球种子市场的野心。与此同时，孟山都公司拓展欧洲转基因产品市场的打算也遭到了致命的打击。在欧洲民众普遍对转基因产品的安全性表示怀疑的背景下，欧洲各大主要超市都表示不会销售转基因商品，孟山都公司的欧洲梦就此破灭。孟山都公司虽然想为转基因产品辩护，却不知如何去说。在多重压力下，孟山都公司节节败退，后来于2000年并入另一制药界巨头。虽然孟山都公司的名字还在，但已经不是原来的孟山都公司了。在孟山都公司试图以"阉割种子"控制世界粮食市场后，其他公司再也没敢涉足这一领域。

诚然，转基因技术有一定的风险，但因为有风险就止步不前吗？现在全球的人口在不断增长，而耕地面积却在不断减少，目前在世界许多国家和地区还存在着饥荒，只有提高农业生产水平才能够解决人类的吃饭问题，而转基因技术正是解决人类吃饭问题的最有力工具。现在转基因技术已经被

改造农业的结果

（上图）16世纪的小麦约1.5米高，后来通过转基因技术使它的高度减半，这样较容易收割。由于花在茎上的能量减少，种子就长得比较大，也含有更多的营养。

公认为是农业发展的方向，没有一个科学家反对转基因技术，很多环保主义者对此也表示支持。如著名的环保主义者威尔逊所说："如果转基因作物在审慎的研究规范下，证明其富有营养，对环境也没有害处，它们就应被推广应用。"

保证转基因食品安全性的关键在于政府发挥监管作用，建立一套严格的审批程序，所有转基因农产品都要接受这个程序的检测和审查。如果某一产品被定为"放松管制"，那么该产品就被确认为安全产品，这种安全是全方位的，既对人安全，也对动物安全，对环境也不会造成破坏。

转基因技术也给农业带来了新的起飞的翅膀。美国农民的总人数不断减少，目前已不足 200 万人，但生产的粮食总量却超过了历史最高水平。转基因农业的发展不仅解决了美国人的吃饭问题，还为美国提供了新能源，使美国逐步摆脱了对外来能源的依赖，实现更大程度的能源自给。仅在 2005 年 9 月至 2006 年 8 月的一年内，美国玉米总产量的 20% 和大豆总产量的 6% 都被加工成可再生燃料，预计到 2010 年，美国生产的一半的玉米都会被加工成乙醚。乙醚可以替代汽油，为汽车提供新的能源，也可以为人类供暖。在能源危机日益严重的今天，它是人们解决能源危机的一条新路。

第九章
用 DNA 寻找人类的起源

第一节　发现尼安德特人

在德国诗人海涅的故乡杜塞尔多夫城附近，有一个名叫尼安德特的峡谷，那里的采石业非常兴旺。1856 年 8 月，采石工人在峡谷南侧的石灰岩山洞中发现了一副骨架，共有 14 块骨头，其中有 1 块是头骨。这副骨架看上去像是一种当地已经灭绝了的熊的骨骼，在当地的石灰岩洞穴里常常会发现这种熊的遗骨，人们故此认为这也是一副"熊骨"。但是当地的一名教师看到这副"熊骨"之后，发现其同人类的骨骼非常相似，故此他认为这是一种人类的骨骼。教师的说法为公众所接受，大家也认为这副所谓的"熊骨"应该是"人骨"。那这个人是谁呢？一时间众说纷纭。有人认为这是一位厌倦了尘世生活的隐士，他离开人类社会，在石灰岩山洞里过着"人猿泰山"的生活。有人说他是一名战士，在拿破仑战争时负伤后爬进山洞而死。有人说他是一名罗宾汉式的人物，为了躲避仇家追杀逃进了山洞，结果死在了这里。有人还根据该骨骼的特点推断他有慢性病，因此老皱着眉头，致使额头中部塌陷，眉脊突出。达尔文出版《物种起源》一书后，科学界认识到人类是从猿人进化而来的，并开

尼安德特人聚会

始寻找人类的起源。科学家在对这副骨骼进行分析后认为，他属于一个很古老的人种。1863 年，爱尔兰解剖学家金氏将其命名为尼安德特人。

虽然尼安德特人是以在德国出土的骨骼命名的，但在德国发现此骨骼之前，人们业已在西班牙、比利时等地发现了尼安德特人的骨骼，只是当地并没有"聪明的教师"，所以并未能引起重视，直到尼安德特人被科学家确认后才引起了人们的关注。此后，在世界各地，又陆续有大量的尼安德特人的骨骼出土。这使人们对尼安德特人有了更深刻的了解。现在普遍认为尼安德特人生活在距今约 3 万年前左右，活动区域大约在今西欧、东欧、西亚与北非等地。成年尼安德特人身高在 150～160 厘米，颅骨容量为 1200～1750 立方厘米。尼安德特人额头扁平，下颌角圆滑，脑也比现代人大一些，因此脸型与头部形状都与现代人不同。尼安德特人骨骼强健，有着耐寒的体格，据推测肤色也应该较浅。从尼安德特人的埋葬地点可以看出，尼安德特人已经有了丧葬的仪式，在法国北部还发现有尼安德特人的艺术品，这说明尼安德特人的文化已经较为先进。

在尼安德特人的居住地常可以发现他们当时使用的工具，这些工具并没有改良的迹象，因此可以认为尼安德特人的智商较低。在这些工具中没有弓箭，这说明尼安德特人的生活非常艰难，围捕野兽要花很大的力气。

尼安德特人的发现引发了很多争议，人们争论的焦点是现在的人类是不是尼安德特人的后代？古生物学研究表明，现代人是在尼安德特人消失时抵达欧洲的，那现代人和尼安德特人是否有过接触？他们是否通过婚？为什么尼安德特人在现代人到达欧洲时消失了，他们之间是不是发生了战争？

为了解答上述问题，古生物学家和人类学家进行了长期的研究。直到1997年研究才出现了曙光，这要归功于德国慕尼黑大学教授、瑞典人史旺特·帕博。史旺特·帕博是提取古代DNA的专家，他曾先后从埃及木乃伊和猛犸象化石中提取出了DNA。20世纪90年代初有5000年历史的"冰人"因阿尔卑斯山冰河溶化出土后，他也提取过"冰人"的DNA。这听起来似乎有神话色彩，难道DNA是永恒的吗？没有任何事物是永恒的，DNA也是一样的。DNA是遗传信息的携带者，它的化学稳定性非常高，它既不会同其他分子轻易起反应，也不会自动降解。但生物死亡后，生物的DNA就会受到降解的影响，化学反应物质和能够分解分子结构的酶都会对DNA产生威胁。但降解DNA的化学反应只有在水的参与下才能发生，如果没有水，DNA就能够保存下来。但即使最理想的保存条件，DNA分子也只能保存5万年。埃及木乃伊和猛犸象化石都没有超过5万年的"红线"，所以可以从中提取出DNA，尼安德特人也是如此。

1997年，史旺特·帕博为解开尼安德特人的遗传之谜，决定从1856年在德国发现的尼安德特人骨骼里提取DNA，具体的提取工作由他的研究生克林斯负责。克林斯分析了尼安德特人骨骼的保存状况后认为，保存非常完好，能够从中提取出DNA。那从哪里提取呢？一般提取DNA都是从细胞核中提取，但尼安德特人的骨骼已经腐化，从腐化的骨骼的细胞核中提取DNA获得完整序列的可能性要小得多，为此克林斯决定从线粒体中提取。线粒体是蛋白质的一个遗传密码,负责细胞里能量的产生。每一个哺乳动物的细胞都包含着 500 ~ 1000 个线粒体。它们可以使细胞得到某种缓冲,并使其快速工作。每个线粒体中都包含有一股长达 16600 个碱基对的 DNA。由于细胞中有上千个线粒体,从线粒体中提取 DNA 显然要比从细胞核中提取更容易成功。此外,线粒体 DNA 一直是人类学家的最爱,它有充足的现代人序列可供比对,使用线粒体 DNA 可以很容易找出尼安德特人与现代人的关系。

解决了从哪里提取只意味着成功了一半,如果没有另一半(寻找尼安德特人的 DNA),无疑是水中捞月。克林斯还面对着很多难题,其中最重要的是污染问题,这个污染不是人们通常说的环境污染,而是现代来源 DNA 对古代样本的污染。例如克林斯的皮肤细胞 DNA 就可能造成对尼安德特人 DNA 样本的污染。在实验中,克林斯想用聚合酶链式反应来扩增目标 DNA 片段。聚合酶链式反应异常敏感,它会扩增它所碰到的任何 DNA,不论这个 DNA 来自古代的样本还是来自克林斯。这样克林斯就面对一个问题,他如何确定他利用聚合酶链式反应扩增的 DNA 是纯正的尼安德特人的 DNA 还是被污染的 DNA?为了解决这个难题,他决定在自己做完实验后,请宾夕法尼亚大学的科研人员再把实验重做一遍。宾夕法尼亚大学那里也可能有污染,但不可能是同样的污染。只要两个实验室取得的结果相同,就可以肯定所得到的是纯正的尼安德特人的 DNA 而不是被污染的 DNA。

克林斯首先完成了实验,重建了尼安德特人的线粒体 DNA,共有 379 个碱基对。不久,宾夕法尼亚大学实验室也完成了实验,结果同克林斯的实验结果一模一样,也是 379 个碱基对,这说明克林斯的实验取得了成功。随即克林斯拿来 986 个现代人的线粒体 DNA 进行比对,以期找到尼安德特人与现代人的关系。经过比对,克林斯发现尼安德特人同现代人的线粒体 DNA 差异很大,在 986 个现代人线粒体 DNA 中与尼安德特人最接近的,也有 20 个碱基对不同。这充分说明虽然尼安德特人是人类演化史上的一支,但它们和人类相去甚远。至于在 3 万年前,尼安德特人是如何消失的,则不是 DNA 能够解答的,这还需要进一步的研究。

研究尼安德特人的 DNA 的最大意义在于它在很大程度上否定了人类起源的多中心论。这种理论认为，现代人的起源是多中心的，其他大陆的原始人类，如欧洲大陆的尼安德特人也是现代人的祖先。而克林斯的研究证明了尼安德特人不是现代人的祖先，从而有力反驳了人类起源的多中心论。

如果说克林斯的研究说明了现代人与其他原始人类有多大差异，那么生物学界其他科学家的研究则说明了人类与其他生物（特别是黑猩猩）的关系是十分接近的。早在 20 世纪 60 年代，著名化学家鲍林和祖卡坎德尔在比较不同物种之间相应蛋白质的氨基酸序列时，发现两个物种在演化上的亲缘关系越近，他们相应的蛋白质序列就越相似，反之则越远。以血红素分子的一个蛋白质链为例，这种蛋白质链共有 141 个氨基酸，在这些氨基酸之中，人类与马有 18 个氨基酸不同，而人类与黑猩猩只有 1 个氨基酸不同。蛋白质分子序列的不同反映出人类和马在演化分歧上出现的时间要比黑猩猩早。此后科学界就开始以分子之间的差异为基础来研究物种之间的演化，分子间的差异越大，则物种演化分歧出现的时间越长，2 个物种之间的差异就越大。从分子之间的差异可以判断出 2 个物种出现演化差异的时间，分子的这个功能被称为"分子钟"。

加利福尼亚大学伯克利分校教授威尔逊和萨瑞奇是最早采用"分子钟"来研究人类与人类的近亲（如黑猩猩、类人猿等）的科学家。由于当时没有很好的定序蛋白质分子顺序的技术，威尔逊和萨瑞奇决定另辟蹊径。从免疫系统对外来蛋白质的反应强度，可以看出免疫系统所属的生物体与外来蛋白质的差异程度。如果外来蛋白质与生物体本身的蛋白质非常相似，免疫系统的排斥力就会比较弱；如果外来蛋白质与生物体本身的蛋白质差异很大，免疫系统的排斥力就会相应增强。基于这个原理，威尔逊和萨瑞奇从一种生物体中提取了蛋白质，然后将其插入另一种生物体中，测试其免疫系统的反应强度。靠这种方法他们建立起了两个物种之间的分子差异指标。随后二人把这种方法运用到实际研究之中。当时根据化石显示，世界上主要的两种猴群是从 2 000 万年前出现演化分歧的。威尔逊和萨瑞奇以此为基础，研究出人类与黑猩猩是在500万年前开始出现演化分歧的。这在科学界引起了轩然大波，很多人认为这是无稽之谈，古人类学家坚持说人类和黑猩猩是在2500万年前出现演化分歧的，而其他科学家则认为人类和黑猩猩的差异是如此之大，仅仅500万年的演化是不足以完成的。此外，古生物学家和人类学家对遗传学家涉足自己的领域感到非常愤怒。在巨大的压力下，威尔逊和萨瑞奇仍然坚持进行研究。不久，一位名叫玛丽·克莱尔·金的女研究生也加入了他们的研究团队。

玛丽·克莱尔·金1946年出生于美国伊利诺伊州，幼时的金就喜欢研究神秘事物，希望自己能够解开世界上所有的未知之谜。上大学前，金认为世界上最神秘的是数学，所以大学她上的是数学系，并于19岁时取得了理学士学位。在读大学时，她认为世界上最神秘的事物是基因，所以大学毕业后她考入加利福尼亚大学伯克利分校研究生院，开始研究DNA。在20世纪60年代末期，DNA技术已经比较成熟，这对金的研究显然比较有利。此时导师威尔逊把进一步分析人和黑猩猩关系的工作交给了金，这个年轻姑娘遂把自己的青春年华都献给了黑猩猩。不过她的研究起初并不顺利，不顺利的原因并不是金才能的问题，而是这时加利福尼亚大学伯克利分校风起云涌

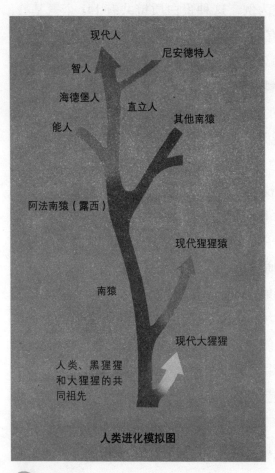

人类进化模拟图

图中标注：现代人、尼安德特人、智人、海德堡人、直立人、能人、其他南猿、阿法南猿（露西）、现代猩猩猿、南猿、现代大猩猩、人类、黑猩猩和大猩猩的共同祖先

的反越战运动。对社会事物颇为热心的金成为运动的领袖，她的实验室成了学生运动的指挥所，在这样的情况下当然无法进行研究了。虽然金为世界和平做出了贡献，但她却失去了宝贵的研究时间，而科学研究是需要投入百分之百的努力的，因此金在

玛丽·克莱尔·金像

　　玛丽·克莱尔·金在威尔逊的指导下，在比较黑猩猩和人类基因组的研究上获得了重大发现。

实验中连遭挫折。受到打击的她一度决定离开学校，到华盛顿去当一个公务员。不过导师威尔逊的话让她改变了主意，威尔逊对她说："如果每个实验失败的人都不搞研究了，那么也就没有科学的存在了。"金也不想就这样放弃自己投入过无数心血和汗水的事业，于是她决定留在伯克利继续人与黑猩猩关系的研究。

　　金在研究人与黑猩猩的关系时采用了很多方法，其中一种被称为DNA配对法。这种方法的原理是当DNA互补的双股形成双螺旋的时候，通过加热到95℃的办法就可以将它们分开（化学上称为融解）。如果DNA的双股并未完全互补（其中一股发生了突变），在95℃以下的温度就可以融解。至于在什么温度下融解，则要看双股的差异程度，差异越大，融解时需要的热量就越少。金就DNA配对法对人类和黑猩猩的DNA进行比较研究，结果发现人类与黑猩猩的DNA极为相似，二者相似序列所组成的双螺旋融解温度接近于95℃。金就此推测人类与黑猩猩只有1%的基因差异，这确实让人感到震惊。因为黑猩猩和大猩猩之间的基因差异是3%，人类与黑猩猩之间的差异竟然少于黑猩猩与大猩猩之间的差异，这让人感到匪夷所思。

　　找到人与黑猩猩之间的密切关系后，金的下一步研究是为什么基因差异如此之小的人与黑猩猩实际的差距那么大？金认为问题的关键并不

在于基因结构，因为二者的基因结构是相似的，那问题在哪呢？金认为在于演化的路径。由于大部分演化都是发生在控制基因开启关闭的DNA片段上，因此一个微小的突变也能产生重要的变化。例如一对双胞胎兄弟，他们因为阴差阳错一个生活在百万富翁之家，一个生活在贫民窟，他们在长大之后肯定会有很大的差别。基因也是这样，在大自然的操纵下，相同的基因按照不同的方式运行，就会产生两个截然不同的物种，而实际上他们的差距并没有想象中那么大。1975年，金发表了自己有关人与黑猩猩之间关系的学术论文，这篇论文堪称是20世纪最优秀的学术论文之一。金的发现为测定人类进化的历史提供了一个标准。在学生的研究取得重大突破的同时，威尔逊也没有闲着，他和同事卡恩共同在伯克利的实验室苦心钻研，最终找到了人类的故乡。

第二节　人类起源于非洲

1988年1月11日，美国《新闻周刊》以"寻找亚当和夏娃"为题，报道了威尔逊等人提出的"人类起源于非洲"（即非洲起源说）。为了配合这篇报道，《新闻周刊》封面上的亚当和夏娃也变成了非洲人的模样。从某种意义上来说，这篇报道引起的震动主要是在政治上而不是在科学上，因为它给了种族主义者以致命一击，让"白人至上主义"彻底破了产。

威尔逊和同事卡恩的研究在20世纪80年代初就开始了，他们打算利用线粒体DNA对全人类的基因进行分析，以找到人类的族谱。他们研究的前提是找到足够多的DNA样本，据估算共需要147个，这就需要很多人体组织。上哪去找呢？威尔逊和卡恩决定使用胎盘。胎盘是胎儿的附属物，国外医院在接生胎儿后通常都会把胎盘扔掉。虽然威尔逊等人可以免费得到胎盘，但要使用胎盘做研究先要经过孕妇的同意，否则他们就有面临诉讼的危险，而说服147个孕妇显然不是一件轻松的事。不过这只是研究遇到的问题之一，由于他们的研究对象是全人类，所以他

亚当、夏娃的非洲面孔

们需要的DNA样本除了美国人，也要有中国人、德国人、日本人、阿拉伯人、非洲人等。不过幸好美国这个号称"大熔炉"的移民国家什么人种都有，这使威尔逊等人的工作负担大大减轻。一些美国没有的少数民族的DNA样本则需要他们向其他国家的研究机构寻求帮助才能得以解决。

人类的线粒体DNA都是遗传自母亲的，而父亲的遗传物质中并不含有线粒体，因此运用线粒体DNA追寻的是人类母亲的历史。由于线粒体DNA只在母体中遗传，因此线粒体DNA不会发生重组现象。线粒体DNA的这个优点在寻找人类祖先的研究中发挥了重要作用。一般来说，如果两个DNA序列有相同的突变，就可以证明它们有共同的祖先。但如果发生重组则不尽然，重组是染色体臂部片段互相进行交换，在交换过程中突变会从一个染色体移到另一个染色体上。这样两个DNA序列有相同突变的生物体就不一定有相同的祖先，因为它的突变可能是由重组带来的，而不会发生重组的线粒体DNA就没有这种可能性。运用线粒体DNA建立人类家族谱系的方法很简单，有许多相同突变序列表示亲属关系很近，而有很多差异序列则表示亲属关系很远，利用这个原理就可以画出人类的"族谱树"。威尔逊等人用这种办法把所有线粒体DNA联系在一起，寻找他们共同的祖先。线粒体DNA虽然不会发生重组，但它却是极易发生突变的部分。假定在世界各地各民族的线粒体DNA变化的速度都相同（因为它们的变化不会受地域影响）。那么，它在某地存在的时间越长，变化出来的东西就越多。因此出现线粒体DNA突变最多的地区，就应该是人类最早的居所。威尔逊和卡恩发现线粒体DNA在非洲突变最

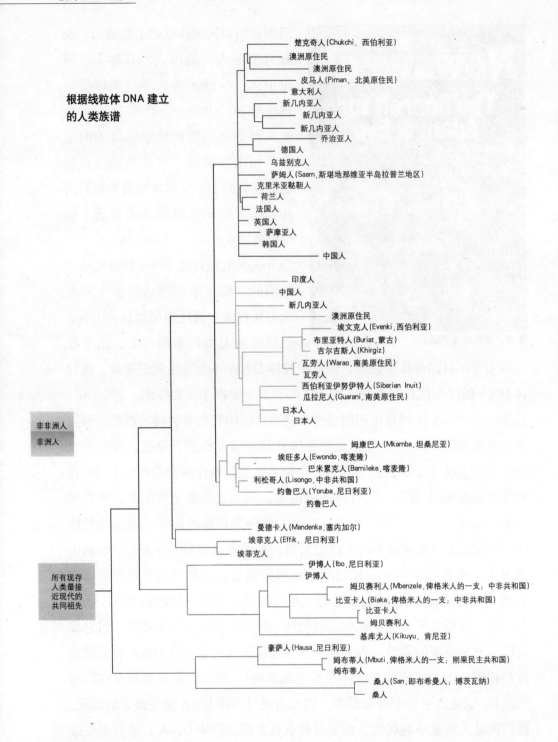

根据线粒体 DNA 建立
的人类族谱

楚克奇人(Chukchi,西伯利亚)
澳洲原住民
澳洲原住民
皮马人(Piman,北美原住民)
意大利人
新几内亚人
新几内亚人
新几内亚人
乔治亚人
德国人
乌兹别克人
萨姆人(Saam,斯堪地那维亚半岛拉普兰地区)
克里米亚鞑靼人
荷兰人
法国人
英国人
萨摩亚人
韩国人
中国人

印度人
中国人
新几内亚人
澳洲原住民
埃文克人(Evenki,西伯利亚)
布里亚特人(Buriat,蒙古)
吉尔吉斯人(Khirgiz)
瓦劳人(Warao,南美原住民)
瓦劳人
西伯利亚伊努伊特人(Siberian Inuit)
瓜拉尼人(Guarani,南美原住民)
日本人
日本人

姆康巴人(Mkamba,坦桑尼亚)
埃旺多人(Ewondo,喀麦隆)
巴米累克人(Bamileke,喀麦隆)
利松哥人(Lisongo,中非共和国)
约鲁巴人(Yoruba,尼日利亚)
约鲁巴人

曼德卡人(Mandenka,塞内加尔)
埃菲克人(Effik,尼日利亚)
埃菲克人

伊博人(Ibo,尼日利亚)
伊博人
姆贝赛利人(Mbenzele,俾格米人的一支;中非共和国)
比亚卡人(Biaka,俾格米人的一支;中非共和国)
比亚卡人
姆贝赛利人
基库尤人(Kikuyu,肯尼亚)
豪萨人(Hausa,尼日利亚)
姆布蒂人(Mbuti,俾格米人的一支;刚果民主共和国)
姆布蒂人
桑人(San,即布希曼人;博茨瓦纳)
桑人

非非洲人
非洲人

所有现存
人类最接
近现代的
共同祖先

多，所以他们确定人类最早生活的地方是非洲，这也是"人类起源于非洲"说法的由来。其实，在学术界很早就提出过有关"非洲起源说"的假说。如著名生物学家达尔文就发现同人类最相似的黑猩猩和大猩猩都起源于非洲，他就此推测人类起源于非洲。但威尔逊和卡恩是第一个用科学方法证明这一点的。此外，威尔逊和卡恩还用"分子钟"推测出人类的"老祖母"生活的年代距今约15万年。

　　按照科学家的发现和古人类学已知的知识，我们可以构建出新的人类发展史。人类是由古猿进化而来的，约在200万年前左右，由古猿进化而成的直立人离开非洲开始向四处扩散，在约70万年的时候进化成尼安德特人，因此尼安德特人就是直立人在欧洲的后代。在15万年前，现代人也开始离开非洲，向各地迁徙。现代人也是直立人的后代，但他们并没有离开非洲，一直在非洲演化，直到这时才选择离开。而现代人来到世界各地后，就把各地的尼安德特人取代了。在2.9万年前左右最后一批尼安德特人也消失了，至此世界就成了现代人的世界，而现在地球上生活的人类都是现代人。

　　从1856年发现尼安德特人，到1987年威尔逊提出"人类起源于非洲"，科学家用了100多年的时间终于弄清了人类的演化史，并找到了人类的家乡。此后，多位科学家的研究也证实了威尔逊的发现。

　　更多的证据是美国斯坦福大学教授卡瓦利·斯福扎发现的。卡瓦利·斯福扎1922年1月25日出生于意大利热那亚，家里是当地的名门望族，他自幼受过良好的教育。卡瓦利·斯福扎小时候就酷爱科学，喜欢用显微镜去观察微观世界。16岁时他进入帕维亚大学医学院学习，成为少年大学生不仅

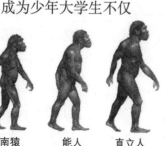

南猿　　　　能人　　　　直立人　　　海德堡人　　　尼安德特人　　　智人　　　现代人

使他更快地成才，也使他逃避了成为意大利法西斯炮灰的噩运。在帕维亚大学获得学士学位后，卡瓦利·斯福扎留校继续深造，并取得了硕士学位。第二次世界大战结束后，卡瓦利·斯福扎负笈英国，并于 1950 年取得了剑桥大学博士学位。早期卡瓦利·斯福扎研究的主要是细菌遗传学。后来一个研究生告诉他天主教会里保存着超过 300 年的婚姻记录，他马上意识到这是人类遗传学研究最宝贵的资料，而这个"金矿"竟无人注意。为此他放弃了细菌遗传学，把研究重点放在了人类遗传学上，并逐渐成为世界上最著名的人类遗传学家之一。

1987 年，卡瓦利·斯福扎得知威尔逊的发现后，也对人类演化产生了兴趣。他想为威尔逊的理论提供更多的佐证。威尔逊是从母系研究得出"人类起源于非洲"，他想从父系入手研究，如果由父系得出与母系一样的结论，那么就可以证明威尔逊的理论是正确的。威尔逊在母系研究中使用的是线粒体 DNA，研究父系使用什么呢？我们知道人的性别是由性染色体决定的，XX 为女性，XY 为男性，男性的 Y 染色体是遗传自男性的，那么，从 Y 染色体就可以追踪出父系的遗传路径。同线粒体 DNA 一样，Y 染色体也不会受到重组的影响。这是因为重组只会发生在成对染色体之间，而性染色体则不会发生重组问题。在研究 Y 染色体的过程中，卡瓦利·斯福扎获得了不少发现，这些发现都有力证实了威尔逊等人的"非洲起源说"。2000 年，卡瓦利·斯福扎的同事皮特·安德尔发表了学术论文，用 Y 染色体证实了"人类起源于非洲"，同时他还证明，现代人的历史很短，只有 15 万年。

从线粒体 DNA，人类找到了自己的老祖母；从 Y 染色体，人类找到了自己的老祖父。这是不是印证了《圣经》上的说法，真有亚当和夏娃？当然不是，在直立人转化为现代人过程中，现代人的祖先显然不可能只有一对。那为什么会出现人类的祖先是同一个线粒体 DNA 和同一个 Y 染色体呢，这或许就是谱系消长的结果。例如，在一个小岛上，分别有张、陈和欧阳三户人家，他们都是从外地迁移过来的，过了 1000 年后，我们发现，只有张姓繁衍下来，而陈和欧阳两姓都消失了，这是怎么回事？

这个问题的答案可能有很多。比如欧阳和张两家人都是丁克家庭，没有子女；或者欧阳、张两家人生的大多是女孩，而岛上的姓氏是随父亲的。如果欧阳家第二代女孩占大多数，那么第三代人中姓欧阳的就会减少，如果这个趋势一直保持下去，那么欧阳这个姓氏就会最终消失。姓氏的消失在历史上并不罕见，据不完全统计，中国共有1.2万个姓氏，其中绝大部分都消失了，现在中国只有约4000个姓氏，随着时间的推移，很多小姓肯定还会消失。除了长期的演变，一些突发的事件也可能是导致姓氏消失的原因。例如瘟疫、洪水、灾荒。实际上，是多次的灾难和长期的时间演变，才使人类的祖先归为同一个线粒体DNA和同一个Y染色体。

人类的祖先在15万年前离开非洲，走向全球。此后他们的基因不断变化，跟原始人类的差距越来越大。那些留在非洲的人则相对变化不大，那在非洲的民族之中哪一个与我们的祖先更接近呢？这是一个很有趣的问题。遗传学家、人类学家为此对非洲各个原住民族进行了长期的研究，最后发现非洲的桑人是与人类祖先最接近的一个民族，这就为人类学家和遗传学家提供了一个活标本。而现在我们观察桑人是不是可以看到我们的祖先长什么样子呢？这或许是很困难的，因为桑人在这15万年内并不是一成不变的，只是他们的变化相对较小罢了。那么从桑人那里是否可以看出人类祖先的生活方式呢？大体看起来似乎是可能的，因为桑人的生活一直都是孤立的，并没有受到外来文明的"污染"。但在15万年中，桑人的生活也经历了不少变化。桑人最初生活在非洲中部地区，由于班图族从中非向外扩张，桑人节节"败退"，分别迁徙到非洲的东部和南部，并从水草丰美的地区退到了沙漠边缘，在著名的卡拉哈里沙漠附近定居着不少桑人部落。虽然桑人长期处于相对孤立的状态，但他们的生活方式却和以前不同，为了适应沙漠边缘严酷的生活环境，他们已经形成了一整套独特的生活方式，这与人类的祖先可能是不同的。人们可能认为最接近人类祖先的桑人可能不是很聪明，但科学家的观察已经否认了这一点。

桑人的民族和文化都行将消失了，这是社会发展的必然。虽然老一代的桑人仍然以打猎、采集为生，并过着同祖祖辈辈一样的生活，但年轻的桑人显然不想这样。虽然人类学家们希望桑人部落永远和从前一样，以供他们研究，但这显然是不可能的。虽然桑人的文化行将消失，但人类学家们在过去几十年的研究中已经积累了丰富的资料，记录下了桑人的语言和生活方式。这些人类学家包括南非人菲利普·托比亚和英国人杰金斯，他们的研究也为人类学积累了丰富的资料。

南非的桑族猎人

尽管我们现在弄清了人类的进化史，但对其中的一些细节还不明了。例如我们现在还不知道尼安德特人是如何消失的。在以色列的一个洞穴中发现的证据显示，尼安德特人和现代人的族群曾经共同存在，其中一方并没有威胁另一方，然而在 3 万年前，现代人却消灭了尼安德特人。在这 7 万年间究竟发生了什么？是什么使现代人最终取代了尼安德特人？在这个"物竞天择、适者生存"的世界，是什么使现代人具备了竞争的优势。根据考古发现，现代人的文化在约 5 万年前突然有了很大的进步，那时的现代人已经有了"美"的意识，并有了纯粹起装饰作用的饰品。当时的现代人已经可以用象牙、贝壳制造出各式各样的工艺品，狩猎和采集的技术也得到了改进。而与此同时，尼安德特人却没什么变化，是什么使二者之间出现了这么大的差距呢？

科学家们经过研究后认为：是语言，是语言的发明使现代人成为竞争的胜利者。1969 年，美国布朗大学语言学家莫利普·利伯曼最先提出了这种观点，他和耶鲁大学解剖学家埃德蒙·克里林将尼安德特人的骨骼拼组起来，发现尼安德特人的发声系统是一种单道共鸣系统，与黑猩猩一样。这种系统的发音能力很差，他的声道结构决定了他不能正确和清晰地发出元音。即使尼安德特人有语言，由于发音系统的问题也会出现口齿不清的现象，这就影响了语言的发展和交流的进行，影响了群体的生存能力。而现代人具有比尼安德特人更加完备的发音系统，能够准确无误地发出声音，这最终导致了语言的产生和知识的产生，使现代人赢得了生存竞赛的胜利。

人类学家就此描绘了一幅早期人类进化的画面。大约在10万年以前，现代人和尼安德特人共同生活在地球上，当时的现代人与尼安德特人的脑容量相差无几。在体力上，现代人却没有尼安德特人强壮。按理现代人应该被淘汰，但到了距现在5万年左右，现代人学会了用被驯养过的狗来帮助自己发现外敌的入侵。此后，人类的嗅觉逐渐退化，而发音能力得到了进化提升，并产生了语言。互相沟通的能力，使现代人能够更有效地合作（进行狩猎活动），分享信息。这对于度过严冬来说是至关重要的。在冰河世纪末期，现代人来到欧洲，这时的气候非常恶劣。虽然尼安德特人经历过这种气候，但那时并没有现代人的竞争，结果尼安德特人在气候和现代人的双重压力下败下阵来。

关于人类在语言优势的来源问题上，新西兰奥克兰大学教授迈克尔·考尔帕利斯认为，人类语言能力的获得来自于基因突变所产生的飞跃。最先起作用的是CMAH基因，包括黑猩猩在内的非人类动物都有这种基因，而现代人和尼安德特人都没有这个基因。科学家认为，在二三百万年前，基因突变使现代人失去了CMAH基因（同样的事可能也发生在尼安德特人身上），CMAH基因的丢失，使现代人摆脱了束缚大脑成长的障碍，大脑容量迅速增加，完成了智能的基础结构，之后起作用的是FOXP2基因。迈克尔·考尔帕利斯认为，FOXP2基因不但促进了大脑容量的增加，也提高了发声器官的控制能力，这些都促进了语言的诞生。实际上人体的任何一项功能都是多个基因作用的结果，因此随着科学的发展，我们还会发现更多促使人类语言能力产生的基因。但有一点应该是可以肯定的，就是在人类文明的历史中，语言是不可或缺的一项。

第三节　为什么人类有如此大的差异

我们已经知道人类来自非洲，那我们的祖先是如何从非洲迁移到世界各地的？这个丰富多彩的世界是如何形成的？当我们掌握了 Y 染色体和线粒体 DNA 之后，科学家发现，人类旅行的地图就包含在每个人的 DNA 序列之中，运用不同民族的遗传变异的模式，就可以重建人类的拓殖史画。

大约在 6 万年前，人类的先民们徒步走出非洲，开始了征服世界的漫漫征途，从此人类成了地球的主人。沿着亚洲边缘，人类到达了印度、缅甸、新加坡，直至中国。乘坐木船的人类先民跨越大海来到了印度尼西亚、澳大利亚和新西兰。在大约 4 万年前，人类到达了西班牙、德国、法国、英国，直至瑞典，占据了整个欧洲。在 1 万年前，人类进入了寒冷无比的西伯利亚，并渡海来到了日本。

在 1 万年前，人类也来到了美洲。然而关于人类最早到达的位置科学界一直存有争论，有人认为是美国新墨西哥州的克罗维斯，有人认为是智利的绿山，至今尚无定论。通常认为印第安人是在最后一次冰河时期穿过白令海峡的大陆桥来到美洲的，而有人则认为印第安人是坐船过去的。从线粒体 DNA 和 Y 染色体，我们还可以知道印第安人在美洲的开拓史。由于在遗传资料中只找到 2 个主要的 Y 染色体序列，因此似乎可以认为最早只有 2 个男性印第安人来到了美洲。而线粒体 DNA 的突变要远远比 Y 染色体的广泛得多，这说明最早到达美洲的印第安人中女性要远远多于男性。最早到达美洲的印第安人不是同时到达美洲的，两个群体之中一个群体在另一个群体到达之前，已经繁衍了后代。

使用遗传学的方法我们也可以了解较后期的史前史（有文字记载以前的历史）。牛津大学教授塞克斯分析了现代人在欧洲的拓殖史后，认为由于欧洲线粒体 DNA 上的族谱最后只能追踪到 7 名女性，因此他认为欧洲人都是这 7 名女性的后代，他把她们称为"夏娃之女"。但谁是"亚当"呢？这个问题塞克斯没有解决，但他建立了一个寻祖公司，愿意寻祖的欧洲人只要向他付一笔钱，就可以知道自己是哪个"夏娃之女"的后代。不过这似乎并不是一个好主意，如果一个"慎终追远"的欧洲男性花钱找到自己的祖先，此后他的妻子也找到了自己的祖先，最后发现他们的女性祖先竟然是一个的话，那原本美满的婚姻就可能会出现裂痕。因此，这种所谓的寻祖真是没有什么必要的。

塞克斯在忙于赚钱的同时，也弄明白了欧洲人在欧洲的迁移过程，以前人们普遍认为欧洲人都是从中东地区迁移过来的。但塞克斯的研究证明，绝大部分欧洲人并不是中东移民的后代，而是原住民（这些原住民显然也是数万年前从非洲迁移过来的）的后代，有些还是从欧亚中部迁移过来的移民的后代。这些移民大都是游牧民族，他们在一波波地"侵入"欧洲农业区的同时，也把 DNA 带入了欧洲农业区。而有些欧洲原住民族在移民的压力下，被迫向内陆迁移，欧洲的巴斯克人就是其中一例。巴斯克人原来居住在富饶的农业区，在外来移民的压迫下，巴斯克人被迫向山区迁徙，现居住在法国和西班牙边境的比利牛斯山地区。山区虽然风景优美，但生存显然不易。巴斯克人不甘于这样的生活状态，多次起兵反抗，都以失败告终。

美国亚利桑那大学教授汉默通过 Y 染色体还寻找到了日本人的起源，汉默证明现在的日本人是古代的绳纹族和弥生族的后代。绳纹族在古时以采集和渔猎为生，他们之中有部分发展成了日本的虾夷族。而弥生族原来住在朝鲜半岛，在 2500 年前从朝鲜半岛迁到日本。弥生族的到来对日本意义重大，绳纹族的文化较为落后，而弥生族的到来则带来了纺织、金属工艺和以水稻为主的农业，绳纹族和弥生族两族的融合诞生了日本人，并创造了辉煌的日本文明。

在掌握了线粒体 DNA 和 Y 染色体后，人们就可以分别找出男性和女性的历史。最早进行这项研究的是卡瓦利·斯福扎的研究生马克·西斯塔德，他采用的方法很简单。假如在广州市有一个线粒体 DNA 发生突变，那么这个突变传递到香港的速度，就可以做女性迁移速率的指标。同理，在广州出现的 Y 染色体突变传播到香港的速度，也可以用来测量男性的迁移速率。在人们的印象里，男性迁移的概率要比女性多得多。即使在原始社会，男性迁移的概率也比女性要大。如在原始社会，男性负责狩猎，女性负责采集，为了抓一只野兽，男性往往要翻几座山，到离家很远的地方，而女性则不需要走这么远。但马克·西斯塔德的研究却发现，女性

亚伯拉罕和两个妻子及两个儿子

的移动性要远远大于男性，在 8 倍以上。这是怎么回事呢？其实这并不难理解。女性在出嫁之后一般不会留在家里，而会到夫家生活，男性在娶妻之后一般会在他的家乡生活。这样代代相传，女性的移动范围就要比男性广泛得多。虽然由男性组成的军队往往会发动规模浩大的远征，如亚历山大大帝的军队横扫欧亚，但在历史的长河中，这只是短短的一瞬。人类的遗传实际上是女性不断迁移的过程，在这个过程中，女性的线粒体 DNA 不断扩展，而男性的 Y 染色体则落了下风。

如果我们观察一个地区的线粒体 DNA 和 Y 染色体，也可以看出这个地区种族的情况。例如，冰岛就是一个很显著的例子。冰岛原来是一个荒岛，后来维京人进行开发后才成为了"人间天堂"。对冰岛人的线粒体 DNA 和 Y 染色体进行比较后，科学家发现，大多数的 Y 染色体都来自维京人，线粒体 DNA 却不是这样，它们都来自爱尔兰。由此可见，在维京男子开发冰岛的时候带来的是爱尔兰妇女，所以现在的冰岛人大部分都是维京男子和爱尔兰女子的后代。我们都知道维京人又被称为"海盗"，这或许可以解释其中的原因。在殖民时代也常常会有这样的例子。例如，在西班牙人征服拉丁美洲之后，当地的印第安人都被屠杀殆尽，

之后西班牙人成了当地的主人，并发展成了土生白人。后来这些土生白人建立了多个国家，哥伦比亚就是其中之一。在对哥伦比亚人 Y 染色体和线粒体 DNA 的研究过程中，科学家也发现，大部分哥伦比亚男子的 Y 染色体和西班牙人的 Y 染色体相同，在接受检测的 Y 染色体中，有 94% 都来源于欧洲。哥伦比亚女子的线粒体 DNA 则来源于当地的多个原住民族。而那些哥伦比亚原住民族男子的命运就可想而知了。当然，这种 Y 染色体和线粒体 DNA 的不对称并不都是征服、屠杀的结果。例如，印度的帕西人就是一个很显著的例子。帕西人信奉拜火教，公元 7 世纪的时候，为了逃避波斯（今伊朗）的迫害他们逃到了印度，在印度他们与当地人通婚，但民族并未被同化。他们始终坚持自己的传统，即只有信奉拜火教的男子的儿子，才能成为帕西人。这样，虽然帕西人同其他民族通婚，但他们仍顽强地坚持着自己的信仰，也使自己的民族保持了本色。

在这个开放的社会，当走在大街上的时候，我们也许会看到来自各大洲的人。我们会发现人类是那么相似，又是那么不同。相似是因为我们都是人，我们的身体形态都是相似的。在遗传学上，人类的相似更是高得惊人，达到了 99.9%。而其他很多看起来很相似的动物，遗传差异则远远大于人类，比如同人类关系密切的黑猩猩，它们之间的差异是人类差异的 3 倍。那些南极大陆上笨拙可爱的企鹅之间的差异是人类的 2 倍以上。而看上去似乎相同的果蝇，它们之间的差异也比人类高 10 倍。人类在遗传上差距不大的原因在哪呢？原因可能是人类的历史还很短，只有短短的 15 万年。在这么短的时间里，是没有办法经由基因突变产生大量的变异的。虽然人类离开非洲后，各自独立地生活在各个大陆之上，但由于地理大发现很快就把世界重新联系在一起，所以人类的遗传差异并没有达到很显著的程度。另外科学家还发现，与人类特定种族相关的遗传差异一般都很少，少量的变异大多均匀地分布在各个种族。例如在亚洲某个种族找到特定遗传变异的概率，就和在美洲某个种族找到的相同变异概率差不多。

虽然人类在遗传上很相似，但另一方面我们看到的是我们是如此的

因纽特人（左图）和黑种人（右图）

不同，其中最为显著的就是肤色，世界居民以肤色分类主要有白色、黑色、黄色和棕色人种。当不同肤色的人聚在一起的时候，他们都很难将对方归为同类。那么，肤色究竟是由什么决定的呢？当现代人离开非洲，流浪到全球各地后，由于各地的气候不同，人们也形成了适应当地气候的身体特征，其中就包括肤色。那么，人类祖先最早的肤色是什么样的呢？黑猩猩是现存的与人类关系最近的生物，它们在浓密的皮毛之下的肤色是白色的，这是不是说人类最初的肤色是白色的呢？这倒也有可能。那为什么留在非洲的现代人的肤色反而变黑了呢？这是因为在人进化的过程中，毛发逐渐减少，这样皮肤就会直接受到紫外线的威胁，而紫外线是可以致癌的。DNA 双螺旋的胸腺嘧啶在紫外线的影响下会发生打结的现象，在 DNA 复制的过程中，打结会导致碱基插错，从而引起基因突变。如果突变发生在调解细胞生长的基因上，就会导致癌症，而皮肤中的黑色素可以减少紫外线的伤害。在非洲的现代人在进化的过程中，在"天择"的作用下，就形成了黑色的皮肤。而移居到高纬度地区的现代人由于维生素 D_3 的缘故，则失去了黑色素，成了白种人。维生素 D_3 是钙质摄取的重要成分，钙则是人类不可或缺的营养成分。维生素 D3 是在皮肤内合成的，而紫外线能以较高的效率合成维生素 D3。由于紫外线具有这个作用，再加上高纬度地区紫外线辐射相对较小，所以"天择"使高纬度地区的现代人失去了皮肤中的黑色素，以防止其阻挡阳光，白种人由此产生。不过那些生活在几乎没有阳光的北极的因纽特人，他们的肤色为什么是深色的，而不是浅色的呢？这可能有 2 个原因：一是北极地区太阳高度角小，紫外线较弱，加上北极地区比较寒冷，因纽特人出门就裹着厚厚的大衣，这使阳光很难对他们皮肤的维生素 D3 合成起作用；二是因纽特人主要以鱼肉为食，鱼肉中富含维生素 D3，这样他们就没有了通过紫外线解决维生素 D3 合成的需要。同黑人和白人一样，黄种人肤色的形成也是"天择"的结果。

1915 年，奥斯曼土耳其帝国对亚美尼亚人实施了种族灭绝，上百万人罹难。幸存的亚美尼亚人此后把每年的 4 月 12 日定为种族灭绝日，以永远铭记那段悲惨的历史。关于这段历史，欧洲和土耳其有着截然相反的看法。如在法国就通过了一部法律，规定否认这段历史的人都要被判处徒刑（该法律通过的原因很大程度上是因为法国的议员多是亚美尼亚后裔）。而在土耳其，凡是承认这段历史的人都受到了"侮辱土耳其"的指控。显然在土耳其，如果为了"政治正确"，土耳其的学者就得违心地承认大屠杀从未发生过。而在法国，如果哪个学者想研究这个问题，他就得冒进监狱的危险。"政治正确"也发生在人类的遗传学的研究中，由于怕被扣上种族主义的帽子，在人类遗传学研究中对肤色基因的研究几乎成了禁忌，无人敢碰。这直接导致现在人们对肤色背后的人类遗传学所知甚少。

人类遗传学家所知的一点点都是来自早期对混血儿的研究，在对混血儿的研究中遗传学家只找到了 2 个促进色素沉着的基因。一个在发生突变的时候可以引起白化病，另一个与人皮肤白皙、长红头发有关，被称为黑皮质素受体基因。白化病患者偶尔会在非洲出现，但是由于他们对阳光极为敏感，他们在非洲就很难生存。黑皮质素受体基因在亚洲、欧洲都有变异，但在非洲没有，由此可知，在非洲并没有这种基因发生突变的条件，这也是我们在非洲看不到长着红头发、皮肤白皙的人产生的原因。虽然遗传学家掌握了两个基因，但这显然远远不够。从其他哺乳动物的研究中我们已经看出，决定动物肤色的基因有很多，其功能是非常复杂的。在不能进行研究的情况下，遗传学家还有很长的路要走。

除了肤色这个比较明显的性状之外，体型也是一个比较明显的性状。除了肤色和体型之外，其他性状在人群之中的分配就很难确定了。能不能喝牛奶就是一个明显的例子。牛奶向来被认为是一种营养价值很高的营养品，营养学家说早晨一杯牛奶、晚上一杯酸奶最有益于健康。不过有些人对牛奶却无福消受，因为他们患有乳糖不耐症。乳糖是哺乳类动物乳汁中含有的一种糖类，为了分解乳糖，新生的哺乳动物会制造出一种特殊的酶（乳糖酶）。哺乳动物幼体在断奶之后，会逐渐减少乳糖酶的合成。据统计，人类幼儿在 4 岁的时候通常会失去 90% 的乳糖消化能力，人类在成年后会丧失乳糖的消化能力。不过由于一些人种在 2 号染色体上发生了基因突变，能够中止乳糖酶减少的性状，因此这些人种终生可以分解乳糖。那些在成年后不能分解乳糖的人则会患上乳糖不耐症，乳糖不耐症患者喝一杯牛奶就会出现腹泻、腹胀等症状。乳糖不耐症在不同人种中差异很大，据统计，大多数非洲人、印第安人和亚洲人都有乳糖不耐症，而大多数高加索人（白种人）则终生都会制造乳糖酶，所以他们没有乳糖不耐症。对每个人来说，乳糖不耐症的分布率也各不相同，有些人属于高加索人，但他们却有乳糖不耐症；有些人是非洲人，他们却没有乳糖不耐症。有人认为各个民族是否有乳糖不耐症是"天择"的结果，如一些以畜牧业为生的非洲民族，他们因为必须以动物乳汁为生，因此都没有乳糖不耐症，这种情况也见于亚洲的一些游牧民族。中华民族因为民族融合的缘故，大多也没有乳糖不耐症。不过由于中华民族中绝大部分人只把牛奶等当成营养品，而不是用作主要食品，因此对乳糖的耐受性并不像高加索人那么强。

在对乳糖不耐症的观察中我们可以看出，虽然人种与乳糖不耐症密切相关，但"天择"也发生了重要的作用，不然就不能解释为什么在非洲畜牧区生活的人为什么没有乳糖不耐症了。事实上，虽然人类之间基因差异极为细微，但在"天择"的作用下，人类为了适应环境，才形成了丰富多彩的民族与种族。例如尼泊尔的夏尔巴人，在长期的高原生活中，就形成了适应高原生活的身体特征，而荷兰人则因长期在低地生活，形成了适应低地生活的身体特征。同样，在北极生活的因纽特人有耐寒的体格，而在撒哈拉大沙漠边生活的肯尼亚马赛人则有抵抗炎热的天性。可以说，基因和"天择"共同塑造了人类。

　　人类之间虽然有巨大的差异，但这种差异相对来说仍然是微小的。而人类与人类的近亲黑猩猩之间虽然只有 1% 的基因差异，但二者却有天壤之别，人类能够说话，能够思考，并诞生了牛顿、爱因斯坦、马克思等伟大人物。黑猩猩虽然有些小聪明，却没有人类那样的思维能力。究竟是什么导致了人类与黑猩猩之间的差异呢？一些科学家对此展开了研究。就目前而言，科学家已经发现人类和黑猩猩的几个重要差别。首先就是上文提到的 CMAH 基因和 FOXP2 基因，其中 FOXP2 基因尤为重要，这两个基因共同使人类具备了语言能力，而语言塑造了人类。由此可见，CMAH 基因和 FOXP2 基因不仅使现代人战胜了尼安德特人，也使现代人在众多亲属（黑猩猩、大猩猩）中脱颖而出，成了地球的主人。

　　除了语言基因外，科学家还发现了人类同黑猩猩的几个重要差别。第一是染色体，黑猩猩有 24 对染色体，人类有 23 对染色体。人类的 2号染色体是由黑猩猩的两条染色体组合而成的，因此人类与黑猩猩的染色体极为相似，二者的主要差异集中在 9 号染色体和 12 号染色体上，但是这个差异是很微小的。第二是唾液酸，唾液酸是人类和黑猩猩都具备的一种糖分子，位于细胞表面。在黑猩猩体内，这种唾液酸在一种酶的作用下，会发生变化。而在人类体内，由于给这种酶编码的基因发生突变，使这种酶无法产生，因此唾液酸不会发生任何变化。对人类和黑猩猩在染色体和唾液酸之间的差异，科学家现在还未找到其具体的影响。

　　为了找出人类和黑猩猩的差异之谜，科学家开始研究黑猩猩的基因组，寻找给人类和黑猩猩之间重要差异编码的基因。科学家在比较人类同黑猩猩的脑组织、白细胞和肝组织的基因后发现，人类同黑猩猩白细胞和肝组织的基因都非常相似，而脑组织的基因则差距很大。这种研究符合绝大多数人的认知，因为大家不用做实验也会清楚人类同黑猩猩的主要区别是在脑组织上。目前对黑猩猩的基因组的研究已接近尾声，人类同黑猩猩不同的基因也很快就会被找到。当然找到基因并不意味着问题的解决，基因还有一个调控的问题，在蛋白质的控制下，基因会启动会停止，只有在找到差异基因的调控机制后，人类才能最终发现自己为什么会长得和自己的近亲——黑猩猩这么不一样。

第十章
DNA，当代的福尔摩斯

第一节　世纪之案——辛普森案

　　之所以称"辛普森案"是世纪之案，并不是说"辛普森案"是 20 世纪最重要案件。在 20 世纪重要的案件几乎不可胜数，如惨无人道的"南京大屠杀"、第二次世界大战时期德国法西斯对犹太人的种族灭绝等等。"辛普森案"的特殊意义在于它是发生在法治国家的一个非常典型的案件，它说明了法制、自由等理念同道德及其他人类价值的潜在冲突，说明了法制本身的代价，它在法律上的影响是极为深远的。而这场著名的诉讼因为现场直播，也使"DNA 指纹鉴定技术"成为家喻户晓的词汇，堪称是"DNA 指纹鉴定技术"史上影响最大的案件。

　　"辛普森案"的主角辛普森是美国的橄榄球明星。美国人特别喜欢橄榄球，橄榄球打得很好的辛普森因此成为美国人心目中的偶像，被视为"美国英雄"。而这样一位美国人民心目中的"英雄"竟然杀了人——自己的前妻和一位年轻男子。案件的具体情况是这样的：1994 年一天晚上 10 点钟左右，辛普森的前妻妮可的邻居听到一条狗发出了异常凄惨的悲鸣。住在同一个小区内的一位居民在散步的时候碰到了一条狗，它爪子上带有血迹，执意要带这位居民到什么地方去，这位居民出于好奇就随狗而去，等狗把他领到妮可的家时，现场的惨状使他惊呆了：满地都是鲜血，在铁门内的花园甬道上，躺着妮可和一位年轻人，他们都已经死了。他马上报了警，当地（洛杉矶）警方随即介入调查。

经过细致侦查，警方大致廓清了另一位被害人的身份。死亡的年轻人名叫高德曼，他在附近的一家餐馆工作。当晚妮可曾在那家餐馆就餐，在吃饭时她不慎把眼镜遗忘在餐馆里，于是打电话请餐馆工作人员把眼镜给她送过去。高德曼就把眼镜送到了妮可的住宅，并在那里不幸遇害。在现场警方发现了一只血手套和辛普森的 5 滴血迹，在辛普森家里警方又发现一只血手套和血袜子。从现场及辛普森家里提取的证据使警方确定辛普森是杀人嫌疑犯，鉴于辛普森巨大的声望，洛杉矶警方决定在辛普森出席前妻的葬礼后再将其拘捕，并通知辛普森让他在出席完前妻葬礼后自动投案。但辛普森出席葬礼后随即失踪，警方颜面大失，遂在全美展开通缉。不久，警方发现了辛普森乘坐的福特轿车，双方展开了公路追逐赛，美国媒体对此进行了现场直播，从这一刻起，"辛普森案"成了一个"公共事件"。辛普森与警方之间的公路追逐赛最后和平收场，辛普森下车向警方投降。案件开始进入司法程序。从一般人的观点看，辛普森必死无疑。他同前妻妮可离婚后，一直无法释怀，经常去骚扰她，有犯罪动机；警方又发现了他大量的罪证。他怎么可能逃脱呢？

不过对律师来说，辛普森洗脱嫌疑并不是没有可能的。辛普森被捕后，马上就给全美国最著名的律师打了电话，随后美国最著名的刑事辩护律师们组成了著名的梦幻律师团，为辛普森辩护。在这些律师之中就包括同时具有法律和技术天赋的薛克和纽菲尔德。薛克出生于纽约，父亲是著名的演艺界经纪人，他毕业于耶鲁大学。在大学读书期间，薛克对政治产生了浓厚的兴趣，并决定日后从事法律职业。纽菲尔德也出生于纽约，他的家离冷泉港实验室不远，自幼受过科学的熏陶，他在大学读书期间就树立了成为法律人的理想。在大学毕业 10 年之后，薛克成为卡多佐法学院的教授，纽菲尔德则成了职业律师。1977 年，他们在为布朗克斯法律援助协会工作时相识，从此开始了合作生涯。在"DNA 指纹鉴定技术"问世伊始，薛克和纽菲尔德就注意到这一技术在刑事诉讼中的重要性，也意识到这一技术存在某种缺点。

　　"DNA 指纹鉴定技术"无疑是非常重要的，虽然它不是百分之百正确，只是一种概率，但它可不是一般的概率。它出错的概率只有五百亿分之一，用这种方法来确认犯罪嫌疑人是否有罪，无疑是非常可靠的。但随着"DNA 指纹鉴定技术"的广泛应用，问题也随之而来。首先是技术本身的问题，早期的"DNA 指纹鉴定技术"使用的是杰佛瑞斯尚待改进的原始技术，误差较多。其次是技术之外的问题，早期法医在实验室进行的 DNA 指纹鉴定，并没有规则可循，也没有监督，即使是用来估计是还是不是的假设数据也没有标准化，这就使估算的结果更容易遭到质疑。例如在发生杀人案时，当检察官提出 DNA 证据时，辩方律师就会提出一个问题，即用什么标准来判定在犯罪现场取得的 DNA 样本符合从犯罪嫌疑人血液中提取的 DNA 样本？如果按照最早的"DNA 指纹鉴定技术"，那么 DNA 指纹在 X 光片上将是一系列的条纹，如果从犯罪现场取回的 DNA 样本的条纹与从犯罪嫌疑人血液中提取的 DNA 样本的条纹不完全吻合，那么如何判定二者是否是同一个人？法律上可以容忍多大的差异？是百分之一，千分之一，还是万分之一？在多大的差异之内，二者能被确认为同一个人？多大的差异是脱罪的理由？确定这种差异的根据是什么？另外，"DNA 指纹鉴定技术"要求鉴定人具有丰富的专业知识，但在司法运作中，"DNA 指纹鉴定技术"多数是在法医实验室中进行的，那里的技术人员并没有特殊的专业知识可以处理和分析 DNA，因此发生错误就在所难免。

薛克（左一）和纽菲尔德（左二）在进行他们最大的案子：辛普森案。

正是出于对"DNA 指纹鉴定技术"的深刻理解，薛克和纽菲尔德在诉讼中多次对由"DNA 指纹鉴定技术"产生的证据进行了质疑。例如在纽约市发生的一个凶杀案中，一名叫卡斯卓的嫌疑犯被控杀死了一名孕妇和她 2 岁大的女儿。司法鉴定部门使用"DNA 指纹鉴定技术"确认卡斯卓手表上的血迹是被害人的，但薛克和纽菲尔德对鉴定的过程进行了质疑。最后，控辩双方的专家证人都承认 DNA 实验的过程并不合格，因此法官判定不得采用 DNA 证据。不过这并未能让卡斯卓脱罪，因为他最后坦承自己是杀害母女二人的凶手。

在"卡斯卓案"之后，司法机构改进了"DNA 指纹鉴定技术"，采用了一种新形式的遗传标志"短片断重复序列"(STR) 取代了老式的技术。这种技术使遗传标志的大小可以精确测量，避免了原有的主观判断。此外，法医学界也针对"DNA 指纹鉴定技术"建立了统一的执行程序和认证系统，这在一定程度上弥补了专业能力的不足。但这并不能保证通过"DNA 指纹鉴定技术"取得的证据是无懈可击的，只要有一个错误，律师就能取得胜利。

在"辛普森案"中律师采用了多种辩护手法，其中很重要的一种就是对 DNA 证据本身的攻击。律师们的对手是名叫冯丹尼的华人警察，在洛杉矶警方开始调查"辛普森案"后，收集证据的具体工作就由他负责。在美国，警察是出庭作证的，冯丹尼因此就成为证明本案罪证可靠度的重要证人。

检方和辩方在本案中攻防的焦点在于本案的血样证据。辛普森在接到警方说自己前妻死亡的电话后，就从芝加哥赶了回来，他回来的时候有一个手指被割破了，辛普森自称这是被打破的玻璃杯割破的。但检察官认为，这个手指是在犯罪现场割破的。此外，警方在现场和辛普森的衣服上、车上也发现了大量血迹，这些证据对辛普森都极为不利。而辩方的任务则是要让陪审团相信，警方的证据是不可靠的。检方和辩方的攻防在盘问证人冯丹尼时达到了高潮。在接受律师盘问的时候，冯丹尼显得很从容，他详细叙述收集证据的全过程，整个叙述十分严谨，没有丝毫漏洞。冯丹尼用使用"DNA 指纹鉴定技术"得到的证据证明：在辛普森前妻的尸体附近采集到的血液，在犯罪现场过道上采集的血迹都是辛普森的。而在辛普森住宅中找到的手套上沾的血迹，是辛普森和两位被害人的血；在辛普森车座上找到的血迹，也被证实是辛普森和两位被害人的。这些证据都清楚地表明，辛普森就是凶手。

在第一轮听证结束后，辩方律师马上播放了警方整个取证过程的工作录像，这个录像与冯丹尼的作证多处不符，这大多都是一些细节问题。例如取到的血样没有及时送交检查，而是放在那里无人看管；某些证据

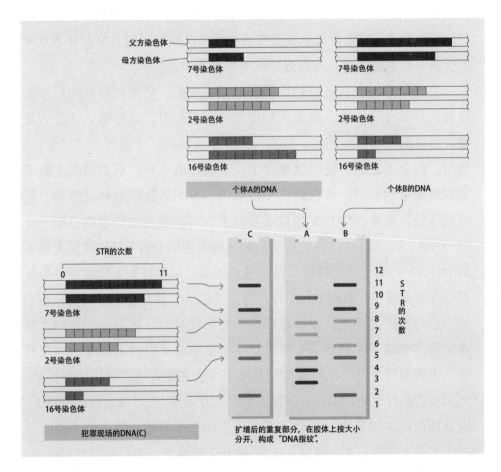

DNA 指纹法的原理

使用"短片段重复序列"(STR) 的 DNA 指纹技术把 A、B 两名嫌疑犯的 DNA 和从犯罪现场取得的 DNA 比对，结果 B 与犯罪现场的 DNA 指纹相符合。

并不是冯丹尼所说的由他自己收集，而是由他的助手收集；按照规定取证应该戴橡皮手套，但冯丹尼并没有带。辩护律师们通过录像要说明的是冯丹尼在说谎。他们要使陪审团留下这样的印象，冯丹尼在前段时间内说的那些并不是他记错了，而是有意为之。他这样做是有意掩盖警方草菅证据，甚至偷换证据的真相。律师们要让陪审团相信，冯丹尼是一个撒谎成性的小人，他的话是根本不足信的。

除了对证人本人进行攻击外，律师做得更多的是对 DNA 证据的来源和取证过程的攻击，谙熟 DNA 证据的薛克和纽菲尔德发挥了重要作用。诚然 DNA 是非常稳定的分子，从汽车方向盘和人行道上刮下的血迹中都可取得，甚至从放置数年之久的精液中也可以取得。但 DNA 并不是永恒不变的，它也会降解，在潮湿的环境中尤其如此。

在法律上，任何证据的取得都必须在收集、分类和呈现的程序都一致时，方具有可信性。如杀人犯作案时使用的刀，只有确认这把刀是如警方所说的在哪里找到的，并真的是在那找到的，才能作为"呈堂证供"使用。而分子证据的证明就更难了，从人行道上和汽车方向盘上刮下来的血迹是很相似的，从它们之中提取出 DNA 并放在塑料试管中，更是难以区分。另外，"DNA 指纹鉴定技术"可以成功地扩增取自单一分子的 DNA，因此即使只有某些微量的其他来源的 DNA（如实验人员本人的 DNA）污染了证据样本，就会造成混淆，以致证据不能使用。薛克正是以此为突破口，说明 DNA 样本可能弄混了，甚至受到了污染，因此根本不能作为证据使用。如在最初调查犯罪现场时，妮可住宅后门上的血迹被警方忽略了，直到杀人案发生 3 个星期后才进行了采集。当冯丹尼拿出血迹的照片时，律师薛克却拿出了一张在案发后次日内拍摄的照片，大声质问冯丹尼说："冯先生，你说的血迹在哪里？"冯丹尼对此哑口无言。这只能给陪审团留下一个警方无能、工作程序有瑕疵的印象。律师就此提出了有人栽赃陷害的理论。此外，律师还采用了一些很直观的辩护手法，以使陪审团相信。如警方搜集到的作案的手套，律师就让辛普森在众目睽睽之下戴上这双手套，由于辛普森的手很大，手套很小，所以辛普森费了很大的力才戴上了手套。这无疑会给在场的陪审员和电视前的观众极为深刻的印象：他怎么可能是凶手呢？

此外，辩方律师也提供了专家证人，他也是一名华人，名叫李昌钰，是美国康涅狄格州警察总局刑事鉴定化验室主任。李昌钰作证说，他在警方提供的DNA中发现有防腐剂，而人类流出的血中是不会有防腐剂的。另外，警察从辛普森身上提取化验了7毫升的血样，这比规定的少了1.5毫升（这里暗示有人利用这份血样去栽赃），所以他提出警方是在作假案。这也给陪审团留下了极深的印象。

由于辩方律师的有效辩护，陪审团最后判决辛普森无罪。全美国人关注的案子就这样结束了。

尽管陪审团做了判决，但辛普森究竟是不是凶手的问题一直众说纷纭，到2006年的时候，问题似乎有了答案。2006年，生活窘迫的辛普森为改善生活写了一本书《如果我做了》，以假设的口吻描述了他杀害前妻妮可和餐馆服务生高德曼的经过。辛普森在书中描述说，自己"从陪同自己到前妻住所的一位朋友手中夺过一把刀……不久后发现自己的双手沾满鲜血，面前躺着前妻和她男友的尸体"。最早报道此事的美国杂志《国民问询》对此评论说："辛普森描述的杀人场面真实得让人不寒而栗，没有人会质疑他所说的就是真相！"据说这本书可以给辛普森带来350万美元的版税。对此被害人妮可的姐姐丹尼斯说："一听到他的名字我就浑身发抖。我就是不明白，为什么媒体总让他露面，在我看来，他令人作呕、卑劣，简直就是魔鬼。他杀害了2个人，却没有受到哪怕是一年的刑罚。如果这一切都是真的，那么他的稿酬就是凶手得到的酬金，是邪恶的，令人厌恶的！不管哪家公司，只要付给他这笔钱就和他一样坏！"美国民众也对此极为不满，纷纷向计划出版此书的美国新闻集团提出抗议。最后美国新闻集团被迫撤销了《如果我做了》一书的出版计划。这场闹剧或许给了人们一个启示："辛普森就是凶手。"

虽然"DNA指纹鉴定技术"未能将辛普森定罪，但它的作用却是不可低估的。自从司法界应用"DNA指纹鉴定技术"以来，已有成千上万名罪犯因此被绳之以法。除了侦破当今的案件，一些古代的疑案也因"DNA指纹鉴定技术"而宣告真相大白。如"末代沙皇家族失踪案"就是其中之一。

第二节 "DNA 指纹鉴定技术"的广泛应用

"DNA 指纹鉴定技术"除了在刑事侦查中得到广泛应用外，还经常应用于日常生活中发生的不幸事件。在海啸、台风、空难等不幸事件发生之后，最重要的工作就是找到遇难者的遗骸，并确认遇难者的身份，这不仅使遇难者能够早日入土为安，也可以让死者的亲属能够通过葬礼来寄托哀思。此外，诸多法律程序也必须在确认死者身份之后才能进行。尤其在我国，向来有"尊重死者"的传统，找到遇难者的遗骸，确认他们的身份就变得尤为重要。

由于灾难常常会造成毁灭性的结果，因此确认遇难者身份就变得异常困难。

"DNA 指纹鉴定技术"的这种能力后来在确认"9·11"事件遇难者身份的过程中发挥了重要作用。2001 年 9 月 11 日发生的"9·11"事件是基地组织恐怖分子劫持多架民航客机撞击摩天大楼的自杀性恐怖袭击事件。包括纽约市标志性建筑世界贸易中心在内的多处高层建筑被毁，美国国防部所在地五角大楼也遭袭击。恐怖分子的暴行给无数家庭带来了深重的灾难，在这个事件中最悲惨的情景莫过于世界贸易中心顶层那些被大火围困、无法逃生的人们坠楼而亡的情景，生命的脆弱在巨大的灾难面前一时间显露无遗。这场悲剧共造成了 2973 人死亡，24 人失踪。其中世界贸易中心中共有 2602 人遇难，24 人失踪。在世界贸易中心中遇难的华人共有 22 位，"9·11"事件对国际关系的发展产生了十分深远的影响，也给遇难者家属和所有热爱和平的人们心中留下了永久的伤痛。

在灾难发生之后，搜寻幸存者和遇难者的工作就开始了。由于灾难造成的破坏是毁灭性的，因此连一具完整的尸体都很难找到，更遑论幸存者了。搜寻幸存者的工作因此很快就不得不转为寻找遇难者遗骸。在世界贸易中心的废墟上，工作人员在破碎的玻璃、粉碎的水泥和上百万吨炙热的钢铁中搜寻遇难者。经过艰苦的努力，工作人员共找到了2万余个各式各样的尸块，这些尸块被停放在法医办公室附近的20辆冷冻卡车内，规模庞大的遇难者身份鉴定工作由此开始。法医们先通过牙医记录和指纹识别技术，辨认出了很多人的身份。在完成较简单的工作之后，复杂的DNA分析开始了，遇难者的亲属提供了大量血液样本和遇难者的生活用品，以供工作人员提取DNA样本。工作人员再将DNA样本同从尸块中提取的DNA样本相比对，以确认遇难者的身份。

　　DNA指纹鉴定工作由位于美国盐湖城的万众基因公司和著名的塞莱拉基因公司负责。尽管这两个公司都拥有全球最优秀的分子生物学家，但这项工作无疑是漫长而艰难的。部分原因在于人体残骸DNA本身，有数千件人体残骸上的DNA由于温度、湿度和时间的原因而无法被鉴定。此外，技术也是一个重要的原因。2005年，万众基因公司和塞莱拉基因公司都暂停了遗骸DNA的鉴定工作，直到新的技术被研发出来。此外，不断发现的新遗骸，也给鉴定工作增加了难度。2006年10月19日，美国纽约公用事业公司的工作人员在世界贸易中心遗址北端的一个下水道内发现了确信是"9·11"事件遇难者的人体残骸。世界贸易中心遗址的纽约新泽西港务局发言人科利曼称，公用事业公司的工作人员在开挖下水道时发现了这些人体残骸。公用事业公司称，它们是在18日进入施工现场以清除两个下水道内的材料时被发现的。这两个下水道在世贸大楼于2001年倒塌后遭到破坏而被放弃。公司发言人奥利尔特称，工作人员将下水道内的材料挖出来后运至1.6千米外的工作中心。为港务局工作的一名承包商19日早上发现这些材料里有人体残骸，这些遗骸已被送交专门负责确认遇难者的机构。

　　"DNA指纹鉴定技术"在军事上也得到了广泛的应用。战争必然会造成死亡，因此确定阵亡士兵身份也是军队的日常工作。通常士兵身上都会带有身份识别标志，但在发生意外事件时，仍然需要其他技术手段帮助确认死者的身份。在早期，由于技术落后，很多遇难军人的身份很难确定，因此常会出现"无名烈士"，如美国飞行员布莱西就是一个。1972年，布莱西驾驶飞机参加了对越南安禄地区的空袭，在战斗中被越南人民军的防空炮火击落。随后在坠机地点附近找到了一具尸体，但法医进行鉴定后认为这个遗体不是布莱西。此后这名"无名烈士"被贴上"X－26　第1853号"的标签，同其他美军烈士一起，于1984年被安葬在华盛顿阿灵顿国家公墓的无名烈士墓里。此后，有人在《美国退役军人报》上刊发文章，说"X－26　第1853号"就是布莱西。美国哥伦比亚广播公司的记者对此事作了调查，调查进一步证明了《美国退役军人报》的说法。为此布莱西的家属提出了对"X－26　第1853号"进行DNA鉴定的要求。技术人员从"X－26　第1853号"身上取出了线粒体DNA，从布莱西的母亲和兄弟身上也取出了线粒体DNA。结果证明二者吻合，"X－26　第1853号"就是布莱西。1998年，布莱西的骨灰被送回家乡安葬。这样他在去世26年后，终于得以"魂归故里"。布莱西事件后，美国建立了"军人遗骸鉴定样本库"，所有的新兵和预备役士兵都要向这个样本库提供DNA样本。到2001年，这个"军人遗骸鉴定样本库"已经有300万个样本。反恐战争开始后，美军先后发动了阿富汗战争和伊拉克战争，在这2次战争中共付出了3000多人阵亡的代价。由于"军人遗骸鉴定样本库"的存在，这3000多名阵亡军人全部确定了身份，再没有"无名烈士"出现了。

　　除了鉴定死者，"DNA指纹鉴定技术"也可用来鉴定生者，它是现在流行的"亲子鉴定"的重要方法。

　　从技术上讲，"亲子鉴定"并不难。先从孩子和母亲那里分别取出DNA样本，如果孩子的DNA出现母亲DNA没有的"短片段重复序列"，那这个"短片段重复序列"肯定是来自父亲的。无论这个父亲是谁，只要那个男子的DNA完全没有这些重复，那他就肯定不是父亲。如果找到全部重复片段，就可以利用重复的数目量化计算绝对吻合的可能性，即亲子关系指数，由此就可以找出谁是真正的父亲。

　　"亲子鉴定"的流行本质上是社会道德沦丧的反映，不过它也揭开了很多尘封已久的秘密,如美国人想利用"亲子鉴定"来破解一桩历史疑案。长期以来，人们一直怀疑美国第 3 任总统杰弗逊同黑奴莎莉有染，并生下了好几个私生子，人们的根据是莎莉的大儿子汤姆和小儿子伊斯顿都和杰弗逊很像。如果这个传言得到印证，那么被视为美国建国之父的杰弗逊的名誉无疑要大打折扣。由于杰弗逊没有婚生的儿子，所以人们从他的叔叔菲尔德着手，从他的后代那里提取了 DNA 样本，并把他们同汤姆和伊斯顿的男性后代提取的 DNA 样本相比较，结果发现汤姆和杰弗逊完全无关，而伊斯顿却和杰弗逊关系不浅。不过由于 DNA 检验无法确认染色体的绝对来源，所以还不能确认杰弗逊就是伊斯顿的父亲，所以此事至今还是悬案。

　　"亲子鉴定"除了帮助揭开历史之谜外，它在其他方面还有更重要的作用，如可以帮助人们找回失踪的亲人。20 世纪 70 年代末 80 年代初，阿根廷处于军政府统治时期，上万人因为反对专制政府被处决，他们的孩子被送到了孤儿院或被军官非法收养。军政府倒台之后，这些孩子的祖母们开始了寻找孩子的行动，为了寻求帮助，她们来到美国，在五月广场上示威，希望得到美国的帮助。玛丽·克莱尔·金等很多分子生物学家都向这些可怜的老人们伸出了援手，为她们提供亲子鉴定技术。此后每寻到一个孩子，分子生物学家就用"亲子鉴定"技术确定他的身份，为他找到自己的家。